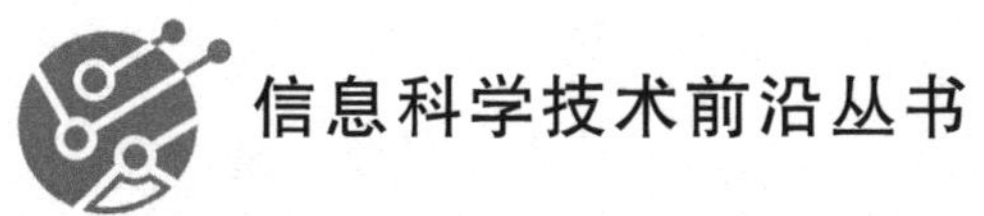

下一代全光交换城域网中的关键技术及挑战

潘必韬　郭秉礼　闫付龙　著

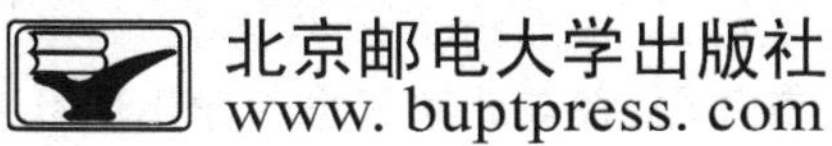

内容简介

未来光通信网络需要支撑多种新型网络基础设施，如5G/6G无线接入网、边缘计算互联等。边缘计算和5G/6G将会协同促生多种新型的网络应用，如自动驾驶、工业控制、虚拟现实等。这些新型的应用将会产生更高要求的业务数据，并且由于引入了边缘计算互联，城域网中的网络数据的突发性将显著增加。上述新型网络设施及其所产生的新型应用将会给现有城域光网络带来极大的挑战。本书将从数据层和控制层出发，统筹解决下一代城域光网络中面临的主要技术挑战。在数据层本书将主要介绍新型光时隙网络的控制组网、突发数据接收和高精度时间同步等方面的关键技术。在控制层本书将主要介绍软件定义光网络控制、资源池化技术加持下的计算资源和网络资源协同编排技术。

图书在版编目（CIP）数据

下一代全光交换城域网中的关键技术及挑战 / 潘必韬，郭秉礼，闫付龙著．-- 北京 ：北京邮电大学出版社，2024．-- ISBN 978-7-5635-7269-4

Ⅰ．TP393.1

中国国家版本馆 CIP 数据核字第 20242HQ031 号

策划编辑：刘纳新　**责任编辑**：王晓丹　杨玉瑶　**责任校对**：张会良　**封面设计**：七星博纳

出版发行：北京邮电大学出版社
社　　址：北京市海淀区西土城路 10 号
邮政编码：100876
发 行 部：电话：010-62282185　传真：010-62283578
E-mail：publish@bupt.edu.cn
经　　销：各地新华书店
印　　刷：河北虎彩印刷有限公司
开　　本：720 mm×1 000 mm　1/16
印　　张：8.25
字　　数：147 千字
版　　次：2024 年 8 月第 1 版
印　　次：2024 年 8 月第 1 次印刷

ISBN 978-7-5635-7269-4　　定　价：58.00 元

前　言

未来光通信网络需要支撑多种新型网络基础设施，如 5G 分布式无线接入网络(D-RAN)、边缘计算互联等。边缘计算和 5G 将会协同产生多种新型的网络应用，如自动驾驶、工业控制、基于虚拟现实的元宇宙应用等。这些新型的应用将会产生更高要求的业务数据。低延时和低抖动在网络协同自动驾驶、工业控制及 5G D-RAN 的分布式基带通信中至关重要。虚拟现实技术的实现对多业务流的高带宽需求极高。边缘计算的引入将在城域网络中产生更加动态的流量，在边缘计算互联的城域网中，网络数据的突发性亦将显著增加。上述新型网络设施及其产生的新型应用将会给现有城域光网络带来极大的挑战。

光城域网作为支撑未来新型网络应用和边缘计算互联的基础设施，需要被重新设计，以提供灵活性和高带宽、低时延的特性。首先，光城域网应在数据层和物理层上支持实时可重构及软件定义网络(SDN)控制，从而适应多样化的需求。其次，边缘计算部署的光城域网需要集成一个集中式网络资源编排器来全面管理网络系统与算力系统。最后，实时监控网络系统的引入使编排器知悉网络状态和资源利用率，从而能够自动优化网络性能和资源分配。本书在光城域网络中整合 SDN 控制器、边缘计算虚拟化基础设施管理器(VIM)、网络功能虚拟化(NFV)编排器和实时监控网络系统，构建了下一代智能城域光网络原型系统。该原型系统已在不同的研究案例中进行了评估，性能评估指标包括网络传输交换性能和网络服务链(NSC)的部署与组成性能。结果表明，在 97.223%的网络负载下，高优先级流量的时延小于 102 μs，丢包率为 0。此外，结果表明，对于高带宽要求的虚拟网络功能(VNF)连接，其性能提高了 50%以上。

传统的基于波长交换的光网络已经逐渐无法承担更加动态及需求更高的新兴网络业务，光时隙交换网络的光路快速可重构特性，使其具有重要的研究价值和广阔的应用前景。光交换控制机制的不完备及光时隙交换的组网技术不成熟是制约光时隙网络系统实际应用部署的主要原因之一。本书将从光时隙网络系统的实现及其性能优化的角度出发，统筹解决光时隙网络在实际应用中面临的主要技术挑战：首先，系统性地给出光时隙网络在物理层和控制层的实现方案；其次，设计面向光时隙网络的高精度时间同步方案，并提出链路延迟不对称情况下的补偿方法，用以保障全网的纳秒级时间同步；最后，协同设计基于实时数据流量监测的时隙资源调度和分配算法，用来实现不同种类业务流在时隙层面的网络切片。本书设计的技术解决方案从控制层面上一次性解决多个技术难题，实现纳秒级的光交换快速控制，为光时隙网络的部署提供一种新的控制方案。

目　　录

第1章 光交换电信网络综述

1.1 电信网络

电信网络最初是为电话语音通信而出现的，从1985年起，它随着互联网的诞生迅速发展[1-2]，至今已成为所有电信网络中最大和最重要的网络。一般来说，迄今为止的互联网时代可分为三个时代。第一个互联网时代是互联网基础设施建设时代（1985—2000年），在这一时代，互联网的基础得以建设，通过统一资源定位器（Uniform Resource Locator，URL）将在线内容连接起来，使其对所有互联网用户可见。在第二个互联网时代（2001—2015年），互联网建设的重点从连接用户转向连接移动设备和计算节点，并为人们获取信息创造了新的途径[3-4]。在这一时期，谷歌和亚马逊等互联网服务提供商得以在互联网基础设施之上开发客户服务，而WhatsApp和Snapchat等手机应用则成为最成功、最受欢迎的服务[5]。第三个时代正在到来，也将彻底改变我们的日常生活[6-7]。在这个时代，互联网将融入日常生活的方方面面，并发挥重要的基础性作用。这将极大地改变现实世界中的大多数行业和企业，如娱乐、健康、教育、交通、能源和金融服务等[8-12]。然而，互联网及其相关服务的诞生给电信网络带来了巨大挑战。在过去的30年中，互联网及其相关服务从最初的文本和语音发展到现在的多媒体服务，如现场直播和虚拟现实高清视频流。随着互联网的发展，越来越多的用户和设备被连接起来。与此同时，互联网服务的网络流量也呈指数级增长，所有新出现的服务都要求更高的带宽，客户数量也在快速增长。20世纪80年代末，万维网（WWW）的实施引发了互联网数据流量的巨大增长[13]。研究表明，自 1990 年以来，互联网流量每年翻一番[14]。思科报告称[15]，从 2016 年到 2022 年，互联网数据流量每年的增长率为 35%。在物联网(IoT)、电信网络功能虚拟化(NFV)、固定和移动光接入网络融合等新技术，以及 360°虚拟现实和自动驾驶汽车等新应用的推动下，互联网的未来将迎来新一轮发展。电信设备将从专用硬件转变为在商品化计算机上虚拟化的软件，当前的网络控制和管理将升级为更灵活的软件定义网络(SDN)，SDN 试图通过将网络数据包的转发过程(数据平面)与路由过程(控制平面)分离，将网络智能集中在一个网络组件中。此外，网络自动化将通过先进的人工智能算法和网络遥测工具实现。这些硬件和软件的开发需要满足不断增长的服务需求，这些服务将有越来越多的连接设备，需要更高的服务质量(QoS)。有几种力量推动着电信网络的发展：用户数量的不断增长、网络流量的持续增加，以及设备的广泛互联。

(1) 用户数量

截至 2023 年，全球近三分之二的人口拥有互联网接入，互联网用户总人数达到 53 亿(约占全球人口的 66%)，高于 2018 年的 39 亿(约占全球人口的 51%)，如图 1-1(a)所示。互联网用户数量的不断增长将会导致由用户和设备产生的互联网流量大幅增加。

(2) 网络流量

从 2017 年到 2022 年，互联网流量增加了约 2.24 倍，从每月 122 艾字节(EB)增加到每月 396 EB，复合年增长率(CAGR)为 26%，如图 1-1(b)所示。在全球范围内，人均互联网流量在过去几年也呈现出类似的增长曲线。2000 年，人均互联网流量为每月 10 兆字节(MB)；2007 年，人均互联网流量远低于每月 1 千兆字节(GB)；2017 年，人均互联网流量达到 16 GB；到 2022 年，这一数字上升到人均 50 GB。互联网流量的持续激增，超出了所有人的预期。视频流量包括互联网视频、通过文件共享交换的视频文件、视频流游戏和视频会议，是互联网流量增长的主要贡献者。到 2022 年，IP 视频流量占据了全球互联网流量的 82%。

(3) 设备互联

未来互联网最重要的增长点是互联网设备的数量。设备互联的增长速度(复合年增长率为 10%)高于互联网用户的增长速度(复合年增长率为 6%)。越来越多的 M2M 应用，如智能电表、视频监控、医疗监控、运输、包裹或资产跟踪等，在很大程度上促进了设备互联的增长。如图 1-2 所示，截至 2023 年，M2M 连接占据了设备互联总数的 50%。

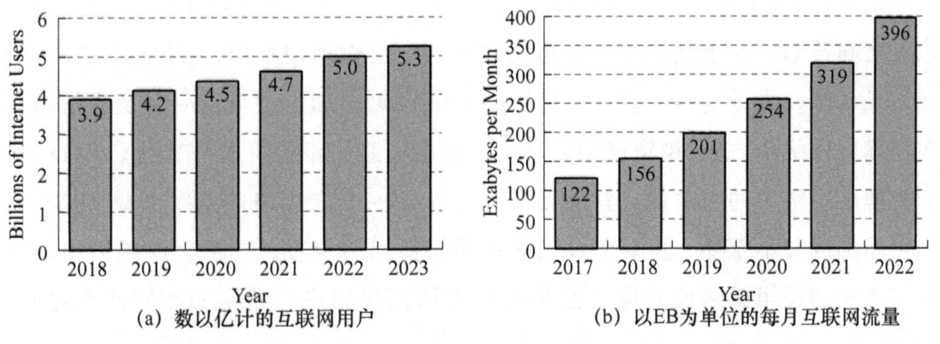

(a) 数以亿计的互联网用户　　(b) 以EB为单位的每月互联网流量

图 1-1　互联网用户及流量的增长

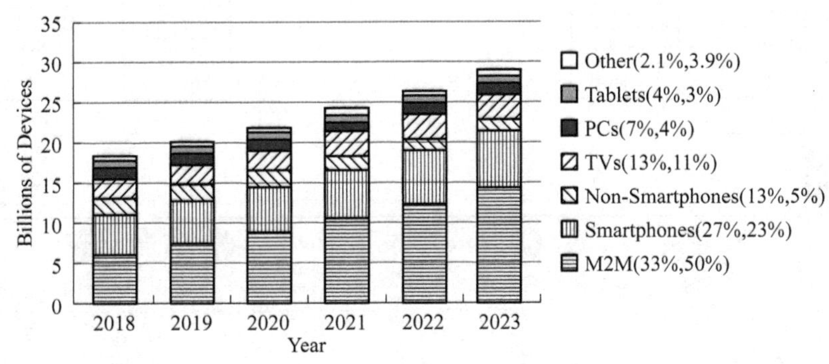

图 1-2　数以亿计的设备

现代电信网络通常由开放系统互连(OSI)模型[16-17]定义的一系列分层网络组成。底层是物理网络(光纤),由节点上的光交叉连接(光交换设备)和传输信息的光纤链路组成。上一层是数据链路层,数据链路层提供节点到节点的数据传输。它检测并纠正物理层中可能出现的错误,并在两个物理连接设备之间建立和终止连接的协议。数据链路层之上是流量层网络,节点上的路由器/交换机通过逻辑链路(流量层链路)相互连接,网络通过该层传输数据包。物理层网络包含与流量层路由器/交换机位置相对应的所有节点,通常还包含一些额外的节点,以便建立路由器/交换机节点之间所需的连接。第四层是传输层,它提供将可变长度数据序列从源主机传输到目的主机的功能和程序手段,同时具有保持服务质量的功能。应用层是最接近终端用户的网络层,这意味着通过应用层,用户可以直接与软件应用程序进行交互。这一层与实现通信组件的软件应用程序进行交互。

例如,如图 1-3 所示,A 和 B 两个路由器之间的逻辑链路允许数据包在这两个地点之间传输。在承载构成数据包的比特的底层物理网络中,两个地点之间必须有一条或多条光纤链路。假设流量层网络在节点 A 和 B 之间有一条逻辑链路,而在物理层网络中,这条逻辑链路可以由物理层链路的路径组成。节点 C 和 D 对应于物理层网络中的路由器位置节点。请注意,从流量层网络的角度来看,物理路径的实际构成并不重要。主要关注的是逻辑链路是否存在。在流量层网络中,两个节点之间的逻辑链路流对应于必须在物理层网络中进行路由的相同两点之间的需求。

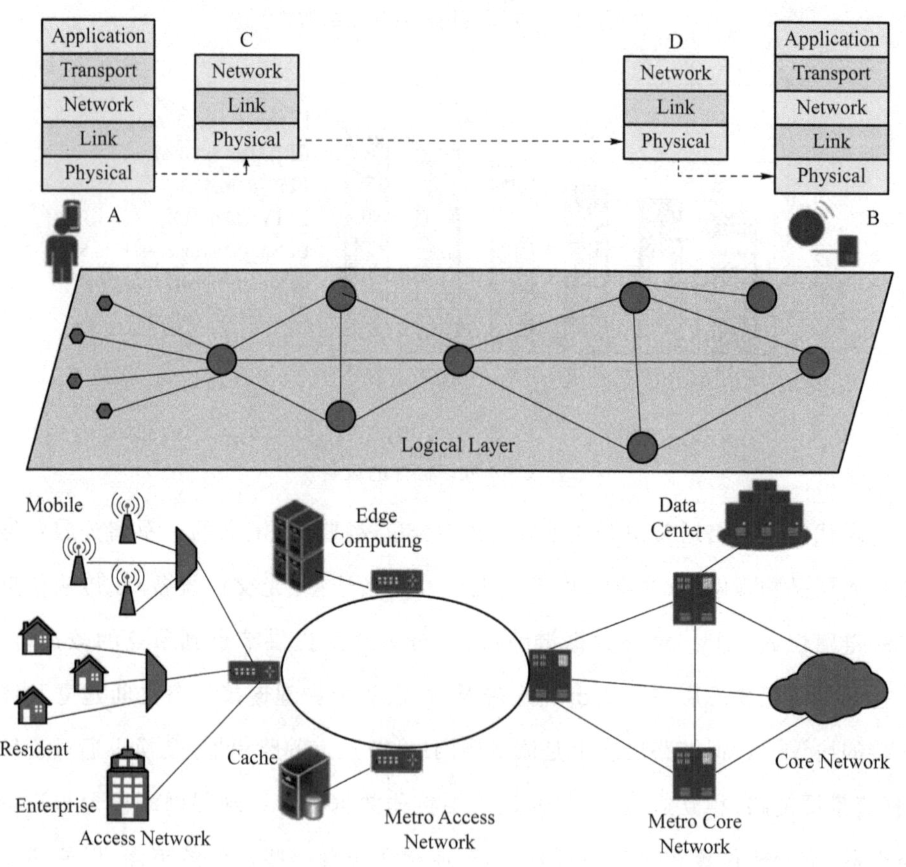

图 1-3 电信网络分层和划分

网络系统可分为局域网(LAN)和广域网(WAN)。局域网负责本地数据交换,包括居民室内网络、企业专用网络和类似数据中心的网络。不同地点的局域网通过广域网(电信网络)连接,以接入互联网并进行远程数据交换。如图 1-3 所示,物理层电信网络通常分为三级[18-19]：接入网、城域网和长途/核心网。长途/核心网位于层次结构的一端，它跨越区域间/全球距离，其跨度为 1 000 km 及以上，并根据传输容量和性能，以及相关成本对网络进行优化。接入网位于层次结构的另一端，为局域网提供连接和接入公共网络的服务。中间是城域网，其跨度为 10～100 km，连接接入网和长途网。光纤在城域网数据传输中已占据主导地位，因为它可以将大量数据流量传输到不同区域[20-21]。由于接入网的数据传输速率、用户数量和设备数量均在不断增加，故其对城域网容量的需求也在快速增长，这导致城域网向全光交换演进。具体来说，由电子交换机执行的交换/路由功能需要大量的光电光(O-E-O)转换。这些基于 O-E-O 转换的交换/路由系统既昂贵又笨重，而且与比特率/协议有关，这促使人们在网络系统中发展全光交换技术。根据功能和链路距离的不同，城域网可进一步分为两部分：光交换城域接入网和光交换城域核心网。光交换城域核心网汇聚来自城域接入网的流量，并与核心网对接。光交换城域接入网负责接入、汇聚和转发来自驻地网、企业网和移动网等异构接入网的流量。本书的研究重点为光交换城域接入网的第 1 层和第 2 层。

1.2 光交换城域接入网

近年来，多种技术共同推动着光交换城域接入网的发展，其中包括光学元件的进步、软件控制和管理能力的提升、新接入技术的涌现、蓬勃发展的终端用户需求，以及行业管制的广泛放松。为便于进一步讨论，本节简要回顾了当前光交换城域接入网络的发展。

1.2.1 光学元件和交换技术

光学元件的进步为现代光通信网络奠定了基础，特别是在激光器、放大器、接收器、滤波器、路由设备和光纤方面取得了显著进展。光交换结构和元件与本书的主题更为相关，因此，本书将重点讨论光交换网络中的光交换技术。网络节点中的交换元件负责将输入信号转发到适当的输出端口，使其到达正确的目的地。光交叉连接(OXC)是在电信网络中使用的通用交换设备，可在不同光路之间交换光信号。OXC 由光交叉连接矩阵($M \times N$ 光开关)、输入接口(波长解复用器)和输出接口(多路复用器)组成。光分插复用器(OADM)是光网络中最常用的波长交换结构,用于在物理网络上灵活地建立光路[22-24]。OADM 接收多个波长的信号,并选择性地丢弃一些波长,让其他波长通过[25]。它还可以选择性地将波长添加到复合出站信号中。可重构性是 OADM 的一项非常有用的功能,它使 OADM 能够灵活地重新配置,而无须因网络重构而更换物理组件[26]。可重构 OADM(ROADM)是当前提高电信系统灵活性和效率的解决方案[27-29]。在这类网络中,灵活增减波长以实现信息接入或网络重路由是一项基本功能。任何一种 ROADM 都由三个基本组件组成:波长解复用器、光开关和波长复用器。图 1-4 为一个度为 2 的 OADM 的示例,度为 2 的 OADM 有两个线路端口,用于呈现复合的波分复用信号,以及一定数量的本地端口,用于下路和上路单个波长。光开关元件是实现"动态"光学功能的关键,目前已发展出多种技术,如微机电系统(MEMS)[30-33]、硅液晶(LCoS)[34-38]、电光开关[39-41]和半导体光放大器(SOA)门[42-46]等。

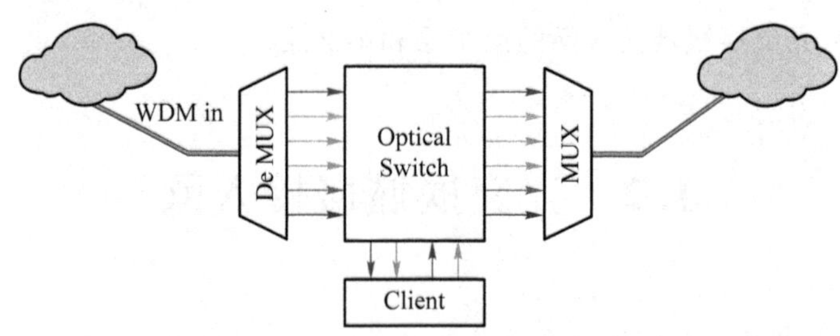

图 1-4　度为 2 的 OADM 结构

MEMS 的光开关由微型机械活动镜组成。这些活动镜可通过各种电子驱动技术从一个位置转换到另一个位置。虽然驱动电子致动 MEMS 镜需要较高的电压(50～150 V),但其所需的电流很小,故这些 MEMS 驱动器的功耗也相对较低[47]。最简单的 MEMS 开关结构是所谓的双态 MEMS 或 2D MEMS。这种开关结构在一种状态下,镜面与基底持平,光束不会发生偏转;在另一种状态下,镜面被设置到垂直位置,光束(如果存在)会发生偏转。该开关结构中的微型机械活动镜可用于横杆排列,实现 $N \times N$ 开关。另一种 MEMS 开关结构是 3D MEMS,其中的微型机械活动镜可以在两个不同的轴上自由旋转。这种镜面可通过模拟方式进行控制,以实现二维连续范围的角度偏转。3D MEMS 技术可用于制造低插入损耗的大规模光学开关。参考文献[33]中报道了一种商用 3D MEMS 产品,其重新配置时间为 25 ms，最大端口数 $N=320$，最大插入损耗为 3 dB，功耗为 45 W。

液晶(LC)电池为实现光学开关提供了另一种方法。这些开关利用极化效应来实现开关功能。以 LCoS 技术举例，通过在硅背板上沉积 LC 单元反射阵列，可以制造出大尺寸的 $1\times N$ 光开关。在 LCoS 光学开关上，所有通道都集中在一个像素区，该像素区有多个移相 LC，它们共同形成了一个可控线性相位光栅（范围在 0 到 2 之间）将反射通道转向输出端口。由于每个通道都是单独切换的，因此，可以选择多个通道并将其复用到同一个输出端口。多个 $1\times N$ 交换机可叠加在一个斯潘克拓扑结构中[48]，以实现 $N\times N$ 交换。这种开关类型的重新配置时间约为几十毫秒[37]。参考文献[38]中展示了插入损耗为 8 dB、串扰为 −40 dB 的 1×40 LCoS 交换机。

电光开关可以通过外部调制器配置来实现。常用的一种材料是铌酸锂($LiNbO_3$)。在定向耦合器配置中，通过改变电压来改变耦合比，从而改变耦合区域内材料的折射率。在 Mach-Zehnder 配置中，Mach-Zehnder 两臂之间的相对路径长度是变化的。电光开关能够迅速改变其状态，开关时间通常小于 1 ns。此开关时间限制由电极配置的电容决定。这种开关的典型驱动信号是峰峰值为 5 V 的射频和高达 9 V 的直流偏压。在一块基板上集成多个 2×2 开关可以实现更大的开关。不过，它们的损耗和极化相关损耗(PDL)往往相对较高。

SOA(半导体光放大器)开关可以通过调节器件的注入电流来实现开关功能。在关闭状态下，器件不会实现粒子数反转，并且会吸收输入信号；在打开状态下，器件会传递并放大输入信号。打开状态下的放大和关闭状态下的吸收的组合使得该器件能够实现非常大的消光比(50 dB)，其切换速度约为 10 ns。基于广播-选择(BS)结构可以实现 $N\times N$ 开关，其中切换路径均利用 SOA 门。N 个并行 SOA 栅极用于切换（“开”或“关”）N 个路径信号，建立输入到输出的连接[45]。通常，SOA 栅极运行需要 20～70 mA 的注入电流。这种技术的一个优点是 SOA 在“导通”状态下的增益可以从本质上补偿无源器件带来的光功率损耗[46]。商用 SOA 的偏振相关损耗/增益通常小于 1 dB，噪声系数约为 6～7 dB。

简而言之，上述所有光交换技术都可用于 ROADM 网络系统，但每种技术都有自己的特性。例如，基于 SOA 和 Mach-Zehnder 调制器(MZM)的光交换机由于响应时间短，可用于快速光交换系统，如光分组交换机(OPS)、光突发交换机(OBS)。然而，这类交换技术在可扩展性方面存在困难。利用 MEMS 技术可以实现大规模光开关，但其重新配置时间为毫秒级。

除了光交换技术所用到的元件外，光交换技术中的交换粒度也是另一个重要课题。根据交换粒度的不同，光交换一般可分为光路交换（OCS）和光分组（突发）交换两类。在 OCS 中，交换粒度为单一波长或波段。光连接一旦建立，通常会持续很长时间。因此，在 OCS 网络中不需要快速的光重新配置。此外，OCS 更适用于流量动态性较低的网络。OPS 和 OBS 技术可利用突发流量的统计复用以实现亚波长带宽粒度。OPS 和 OBS 网络需要快速的光重新配置。数据包/突发（有效载荷）的交换操作由数据包标头/突发控制标头（BCH）决定，BCH 是光编码的，但在光交换节点要经过 O/E 转换和电子处理。

1.2.2 数据平面与控制和管理平面

在当前基于光路交换的 ROADM 网络中，通过光信号传输和路由数据需要解决两个问题。一个问题是通过数据平面将用户数据连接到光层，其中，同步光网络（SONET）/同步数字体系（SDH）[49-51] 和光传输网络（OTN）[52-56] 是占据主导地位的标准。另一个问题是更新用于光网络控制和管理的控制和管理平面，本节将介绍通用多协议标签交换（GMPLS）[57-59] 和自动交换光网络（ASON）[60-61]。

(1) 数据平面

SONET/SDH 通常用作光层的数据平面接口，它将 IP、ATM、以太网等接入服务映射到 SONET/SDH 帧中[49]。除了将 SONET/SDH 用于成帧外，它还被用于电域的交换和多路复用。SONET/SDH 利用时分复用（TDM），将电路分配到时隙中，而时隙被打包成一个较大的帧[50]。SONET 定义了一个速率为51.84 Mbit/s 的基本信号，称为同步传输信号一级或 STS-1。多个 STS-1 信号被复用在一起，形成更高速率的信号，从而形成 SONET 速率分级。例如，3 个 STS-1 信号可复用形成一个 STS-3 信号。一般 STS-N 信号的光实例称为光载波级-N 或 OC-N。SONET 载波的最高数据速率为 OC-3840，传输速度可达 200 Gbit/s[51]。SDH 与 SONET 相似，但成帧格式略有不同。SDH 使用同步传输模块（STM）作为帧标准。STM-1 是 SDH 传输标准的基本信号格式，比特率为 155.52 Mbit/s。STM 级别每次递增 4 倍，例如，目前支持的 STM 级别有 STM-4、STM-16、STM-64 和 STM-256（40 Gbit/s）。

SONET/SDH 已逐渐被 OTN 标准取代。作为光层的接口,SONET/SDH 成为 OTN 层可传输的服务之一。与 SONET/SDH 一样,OTN 提供 TDM 交换和多路复用功能。与 SONET/SDH 相比,OTN 具有更高效的多路复用和高带宽服务切换[53-54]、更强的监控能力和前向纠错(FEC)能力[55-56]。FEC 允许在信号传输过程中出现的比特错误在信号解码时得到纠正。增强型 FEC 可用于补偿恶劣的传输条件。例如,它可以将更多波长复用到单根光纤上,或使信号在光域中保留更长的距离,这对全光网络等光旁路系统很重要。OTN 帧有三个开销区域:光有效载荷单元(OPU)开销、光数据单元(ODU)开销和光传输单元(OTU)开销。OPU 对客户端信号,如 SONET/SDH、以太网、IP,进行封装,并在需要时对其进行速率校正。ODU 开销用于维护和操作功能的信息,以支持光通道。OTU 帧结构以 ODU 帧结构为基础,并通过 FEC 进行扩展。OTU 分层的比特率略高于 SONET/SDH,以考虑额外的开销。随着标准化的推进,OTN 层次结构最终可能会超出 OTU4,以支持更高的线路速率,例如,400 Gbit/s、1 Tbit/s 等[54]。

(2) 控制和管理平面

GMPLS 扩展了 IP 技术,以控制和管理下层网络。光网络使用 GMPLS 来动态建立、配置、维护/拆毁、保护和恢复、疏导和塑造流量,从而有效利用 SONET/SDH、波分复用(WDM)或 OTN 网络。GMPLS 支持在端点之间建立具有流量工程属性的标签。如图 1-5 所示,GMPLS 域由两个或多个标签边缘路由器(LER)组成,并由标签交换路由器(LSR)连接。标签交换路径(LSP)建立在一对节点之间,用于跨域传输数据包。一个 LSP 由一个入口 LER、一个或多个 LSR 或光交叉连接(OXC)和一个出口 LER 组成。对于入口接收到的所有报文/帧,LER 根据报文分类(目的地址、源地址、协议端口等)决定哪些报文应该映射到哪个 LSP。任何入口和出口 LER 对之间都可以建立多个 LSP。

ASON 是传输网络演进的一个概念,它允许根据用户与网络组件之间的信令对光网络进行动态策略驱动控制[61]。其目的是实现网络内资源和连接管理的自动化。ASON 框架有助于交换式光连接和软永久光连接的建立、修改、重新配置和释放。交换式光连接由客户端控制,而软永久光连接的建立和拆除则由网络管理系统启动。ASON 由一个或多个域组成,每个域可能属于不同的网络运营商、管理员或供应商平台。

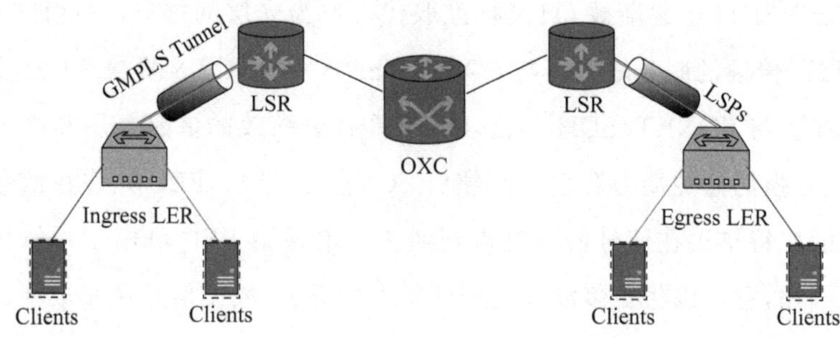

图 1-5 GMPLS 网络域

1.2.3 采用 SDN 和 NFV 的解耦城域光网络

除了传统的光网络控制和管理外，还有许多新的研究和工业创新都致力于提高未来光网络的灵活性和效率。在数据(流量转发)平面，电信和数据通信的融合带来了电信 NFV 的概念[62-63]，即电信网络功能，如路由器、防火墙、光线路终端(OLT)和基带单元(BBU)。上述功能从专用硬件转移到运行在商用服务器上的软件，以降低硬件成本，提高服务升级能力。在控制和管理平面，SDN 被提出用于统一和简化网络系统的控制，这些系统可能由来自不同供应商的组件组成[64-65]。在 SDN 控制的网络中，通过与网络遥测工具合作，可以实现流量保护和重新路由。与 GMPLS 不同，SDN 对网络进行集中控制，并为由“白盒”网元组成的数据平面分解网络提供统一的控制界面。例如，如图 1-6 所示，由不同供应商的组件，如 Finisar 的波长选择开关(WSS)、Lumentum 的收发器，组成的分解 ROADM 光网络可由运营商通过集中式 SDN 控制器进行控制和管理，无需考虑其硬件差异。

带有控制逻辑的开放式标准 ROADM 模型是使中央 SDN 控制器能够管理分解 ROADM 的主要工具。OpenROADM[66]最近在这一领域做出了成果，它定义了 ROADM 设备的标准和参数化数据模型，并提供了标准通信接口，因此，具有标准模型的“白盒”ROADM 设备可被 SDN 控制器识别和控制。电信 NFV 为光网络引入了数据平面的灵活性。在 NFV 中，所有用于数据流量处理的传统网络功能都可以从专用硬件转移到软件中。一个著名的 NFV 解决方案是将电信中央办公室重新架构为数据中心(CORD)[67-68]，其中，虚拟网络功能(VNF)在类似数据中心的环境中运行。一方面，与基于硬件的数据和流量处理相比，软件 VNF 更灵活、更易于修改和升级；另一方面，商用服务器比专用硬件设备更具成本效益。因此，运营商通过在网络中引入 NFV，可以提高数据平面的灵活性，降低运营支出（OPEX）和资本支出（CAPEX）。SDN 是 CORD 节点的重要组成部分，可以通过制定 VNF 之间的网络规则来管理 CORD 节点内的流量。

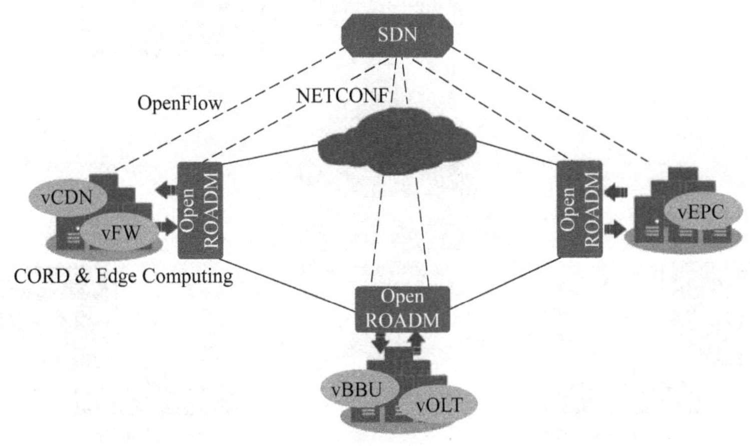

图 1-6 采用 SDN 和 NFV 的解耦光城域网

1.3 光交换城域接入网面临的新挑战

随着互联网用户、接入设备和技术的增多，光网络系统面临着巨大的挑战。特别是作为异构接入网和长途传输网之间的接口，光城域接入网络需要更高的灵活性，以便在满足 QoS 的同时实现高效的流量传输。5G、边缘计算及拥有严格和多样化 QoS 要求的新用例，是光城域接入网络所面临的挑战的最重要部分。本节简要介绍了传统光城域接入网络，如 5G 和边缘计算互联，所面临的挑战。

1.3.1 5G 技术和需求

5G 是下一代移动网络技术的总称，它响应了全球对增强型移动宽带（eMBB）、超可靠低延迟通信（URLLC）和大规模机器型通信（MTC）的需求[69-71]，如图 1-7 所示。5G 不仅仅是移动无线通信领域的一个进步，还是一场重大革命，它可以支持不断增长的数据需求，并为我们的日常生活带来新的服务[72]。此外，5G 预计将成为连接数十亿设备的网络，同时确保高速、高数据可靠性和卓越的效率水平。

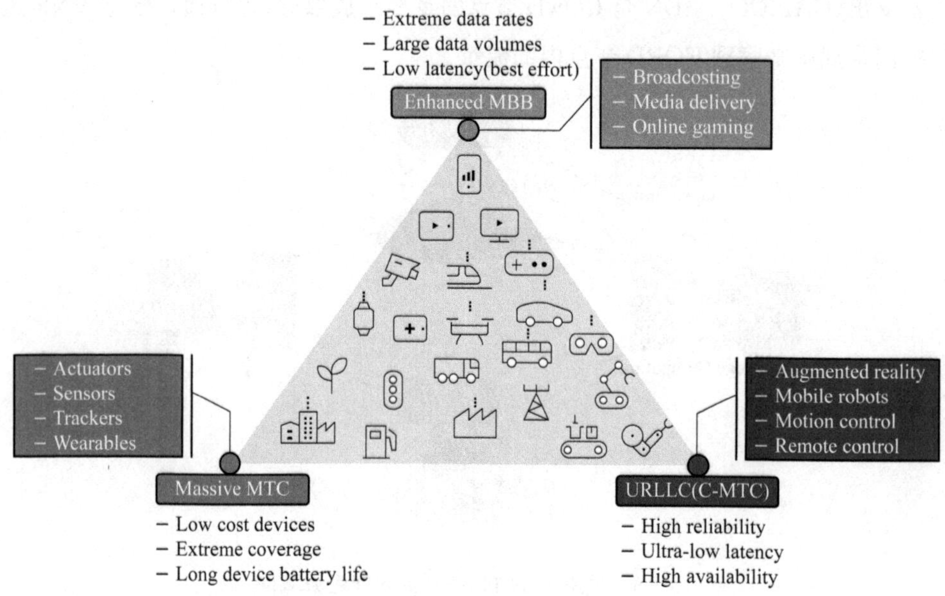

图 1-7　5G 网络特性

为了解决上述问题，5G 网络基础设施将具有超高的网络吞吐量、超低的延迟和灵活的网络切片。首先，5G 网络的一个主要特点是能够为需要高速传输的应用提高数据传输速率。其次，5G 网络是在大规模连接环境中实现超低延迟的关键因素，其中延迟定义为数据帧通过网络所需的时间[73]。5G 实现的超低延迟将达到 1 ms甚至更低[74]，这是许多延迟敏感型应用和服务所必需的，如增强现实、自动驾驶汽车。最后，5G 将带来一个高度灵活的网络，能够满足人类和机器通信的多种需求和 QoS 要求。将 5G 利用到一个完全可编程的生态系统中，将使其能够在延迟、可靠性、带宽和计算能力方面满足应用的各种需求。这可以通过网络切片来实现，网络切片可根据不同应用的 QoS 要求，为其生成逻辑上相互独立的流量处理和转发平面。每个网络切片都有自己的路由选择策略，以满足其要求。网络切片使电信运营商在共享物理网络基础设施的基础上创建虚拟网络，并根据每个客户（即企业）的独特要求定制服务，同时高效、安全地利用网络资源[75]。

1.3.2 边缘计算互联

因为云中(服务商提供的远离终端用户的大型数据中心)巨大的计算资源可由多个客户端共享和调度,所以将所有计算任务放在云中已被证明是一种高效的数据处理方式[76-78]。然而,与快速高效的数据处理相比,网络带宽却停滞不前。随着边缘产生的数据量越来越大,数据传输的有限容量和高延迟正成为基于云的计算模式的瓶颈[79-81]。以自动驾驶汽车为例,汽车每秒将产生 1 GB 的数据,需要对这些数据进行实时处理才能做出正确决策[82]。如果所有数据都需要发送到云端进行处理,那么响应时间就会过长。此外,由于需要支持同一区域内大量车辆的需求,故当前网络的带宽和可靠性正面临着挑战。在这种情况下,数据需要在客户附近进行处理,以实现更短的响应时间和更小的网络压力。因此,分布在城域或接入网络中的计算资源,即边缘计算,有望支持延迟敏感的关键应用。

边缘计算可以进行计算卸载[83]、数据存储、缓存和处理[84-85]、电信 NFV[86-87],以及从云端向终端用户提供服务[88]。为了进行上述网络任务,边缘本身需要经过良好设计以满足可靠性、安全性[89]和隐私保护[90]等要求。此外,由于需要尽可能降低 CAPEX 和 OPEX[91-92],故边缘资源需要相对轻量化。因此,一个地区的边缘资源需要集合在一起,以支持重型应用程序和维持网络负载平衡。例如,预期多个边缘计算节点将共同工作,使用本地生成的数据实现联邦学习[93]。为了实现高效的边缘资源集合,需要两个组件。第一个组件是强大的编排平面,该平面能够在多个边缘节点中高效部署工作负载;第二个组件是提供 IT 和通信资源使用状况的监控工具。

边缘计算也给光网络的数据平面带来了挑战。电信边缘计算是专门用于电信 NFV 的用例,提供类似数据中心的电信中央办公室。电信边缘计算的一个典型用例是虚拟化无线接入网(RAN),其中,基带单元(BBU)和演进分组核心(EPC)可以虚拟化并在多个边缘计算节点中运行。在这种情况下,支持远程无线电单元(RRU)和基带单元通信的光网络必须进行充分优化,以满足严格的要求,如低于 10^{-7} 的丢包率、100 μs 的延迟和 100 ns 的延迟抖动[94]。

1.3.3 5G 和边缘计算带来的新应用

随着 5G 和超 5G 的发展及边缘计算的部署,将会出现新的网络应用。这些新的用例包括具有不同 QoS 要求的人和机器类型的通信，它们都需要光城域接入网作为 5G RAN 和边缘计算节点互联的基础设施。因此，本小节将介绍一些典型应用的量化 QoS 要求，以便进一步讨论具有边缘计算功能的未来光城域接入网络。

(1) 触觉互联网

触觉交互是一种人类通过无线的方式控制真实和虚拟物体的技术，通常需要触觉控制信号以及音频、视觉反馈[95]。与触觉环境交互的用户不应该感觉到本地和远程内容之间的任何差异。目前针对这种用例提出的要求是，网络应支持 1 ms 左右的超低延迟[96]。

(2) 协作机器人

为了让工业机器人在不同环境中执行各种任务，网络需要提供极低的延迟和高可靠性。在制造业的许多机器人应用场景中，根据人-机器服务内容和相关的 QoE(Quality of Experience)保证，预计往返延迟时间接近 1 ms[97]。

(3) 虚拟现实(VR)

一些应用需要非常高的灵敏度和精确度，以及极低的物体操作延迟，比如微型和远程外科手术，虚拟现实技术可提供此类服务。在共享的虚拟环境中，多个用户通过物理耦合的虚拟现实模拟进行交互。触觉信息和物理移动显示的典型更新频率约为 1 000 Hz，往返延迟时间为 1 ms。只有当延迟达到 1 ms 左右时，所有用户的本地虚拟现实视图才能保持一致[98]。

(4) 医疗保健

远程诊断和远程手术是低延迟触觉互联网在医疗保健领域的两个显著应用。通过上述应用，医生可以通过触诊进行远程身体检查，使用机器人进行远程手术，以及远程评估病人的健康状况。为此，必须采用往返延迟为 1～10 ms 和具有高可靠性数据传输能力的复杂控制方法[99]。

1.3.4 光交换城域接入网的技术挑战

未来的光城域接入网需要支持异构接入技术和应用，因此，需要对网络的数据平面和控制平面进行升级。总之，当前的光城域接入网若想要支持 5G 和边缘计算互联需要满足以下几点要求。

(1) 高网络吞吐率

光城域接入网络需要传输 5G 应用和边缘计算互联产生的大量数据。据 Cisco 预测,互联网流量正以每年 26%的复合增长率持续增长。由于边缘计算的部署,越来越多的流量将停留在城域网区域。因此,必须提高光城域接入网的容量。对此,波长资源最终会限制网络容量的扩展[100]。目前,基于(R)OADM 和光路交换的光城域接入网在流量动态性增加时,无法有效利用波长资源。例如,一个动态流量可能只持续几微秒,而在光路交换系统中,光连接的建立和拆除时间为几十毫秒,这将导致波长使用效率低,因为当没有流量需要传输时,波长无法快速重复使用。因此,必须解决如何有效利用可用波长资源的问题。

(2) 超低延迟

关键网络功能和应用需要超低延迟性能。例如,采用增强型公共广播接口(eCPRI)标准的 5G 前传网络要求 RRU 和(v)BBU 节点之间的流量传输时间仅为 100 μs[94]。在当前基于毫秒级可重配或固定 OADM 的光城域接入网中[38,101],支持这种低延迟的唯一方法是为通信节点提供波长路径。然而,边缘计算和自动驾驶等新应用的部署将在网络中引入高流量动态性[102-103],这将给波长配置网络的波长资源带来巨大挑战。因此,快速流量传输和光层重新配置对于提高网络效率和延迟敏感流量的性能意义重大。此外,在电域,还需要通过流量调度来优化延迟敏感流量的排队时间。

(3) 高精度网络同步

5G 前传网络需要精确的时间同步,以实现超低延迟抖动[104]。高精度定位、工业 4.0 等新网络服务以及载波聚合(CA)和联合传输(JT)等 5G 新技术都需要超高精度的时间同步[105]。此外,5G 预计将实现超高流量密度、连接密度和移动性,这些性能都对时间同步提出了更严格的要求。5G 及 5G 以上的小基站和云 RAN (C-RAN)的 RRU 数量预计是 4G 的 10 倍[106]。为所有基站部署如此多的全球导航卫星系统(GNSS)接收器不仅维护困难,而且成本高昂,因此,通过光网络实现精确的时间同步至关重要。

(4) 提升网络控制和编排能力

底层光网络需要为分布在光城域网中的边缘计算节点提供适当的服务和管理。出于经济考虑,边缘计算节点的资源是有限的,因此,必须在多个边缘节点上组成服务链[107-108]。要提高边缘计算资源的使用效率,就必须有一个能够全面管理系统网络服务和 IT 资源的集中式编排器。

(5) 智能化的网络切片

光城域接入网需要为具有不同 QoS 要求的异构接入技术和应用提供服务。因此,将物理网络切分为独立的逻辑连接,并根据流量要求进行优化,具有重要意义[109]。例如,对延迟敏感的流量可映射到与边缘计算连接的网络切片上,而其他流量则可映射到与云连接的网络切片上。一方面,在网络控制器的配合下,光城域接入网在数据层和物理层上应是可切分和可重新配置的,以适应不同的需求。另一方面,应实时监控网络系统,使网络控制器了解网络状态和资源利用情况,以便自动优化不同网络切片的网络性能和资源分配[110]。

1.4 本书贡献

本书的研究工作主要围绕边缘计算联合及超 5G 应用的灵活低延迟光城域接入网这一主题进行,实现了一个具有 SDN、网络服务编排器和基于现场可编程门阵列(FPGA)的流量处理与 SOA ROADM 数据平面的灵活光网络试验台。在 ONOS、OpenROADM、OpenStack 和 Opensource MANO(OSM)合作的测试平台上,对边缘计算联合的动态网络配置和编排进行了演示。在网络遥测工具的辅助下,验证了自动网络的运行。此外,本书设计了快速(纳秒级)光分插复用器及其控制系统,为光城域接入网提供快速的流量传输、高效的波长使用和灵活的网络资源分配。通过基于 OMNeT++的仿真,本书对所提出的网络架构进行了数值研究。本书还实现了一个带有时隙监督信道控制的网络测试平台,以验证这一概念。监督信道携带波长目的地和时间戳,用于快速灵活的网络重新配置和高精度的网络时间同步,实现了纳秒级的网络控制、同步和精确的时间分配。实验成功验证了时隙网络的稳定运行,并实现了 80%的带宽使用率和低于 100 μs 的延迟。利用所提出的时间分配技术,所有环形网络节点只需一个时间基准,即可实现低于 5 ns 的时间精度。

1.4.1 对科学领域的新贡献

本书对科学领域的主要贡献包括以下五点。

(1) 本书成功构建了一个由 4 个具有 10 Gbit/s 接口和边缘服务器的节点组成的 SDN 可重构光城域接入环形网络，并利用模拟的 5G 接入流量对该环形网络进行了实验研究。基于 FPGA 的光电接口聚合和分类接入流量并控制光学元件，实现了两种不同流量类型的网络切片。通过 ONOS 和 OpenROADM 控制，演示了 SDN 控制的波长切换功能和带宽自适应光路径的建立。

(2) 本书成功构建了一种城域接入网络架构，该架构具有可编程的灵活数据平面、边缘 IT 资源编排器和用于监控网络 IT 资源使用情况的遥测技术。该架构采用开源 SDN 控制器、边缘计算虚拟化基础设施管理器(VIM)和 NFV 编排器自动管理边缘 IT 资源、网络运行和服务供应，实现了由 NFV 编排的跨边缘计算节点网络服务部署和优化。对于带宽要求较高的 VNF 连接，其带宽提升幅度可达 50%以上。

(3) 本书针对 5G 和边缘计算流量提出了一种新型时隙光城域接入网络架构。该网络以时隙方式运行，由监督通道控制，监督通道在每个时隙标记数据通道的目的地。因此，网络连接可以在几微秒的时间内动态建立和拆除，从而实现高效的波长使用和快速的流量传输。

(4) 为了对整个网络的性能进行数值研究，我们在 OMNeT++中对包含 5G 流量和分布式边缘计算的网络系统进行了建模。数值结果表明，在总共有 20 个节点的城域网接入环模型中，其中 6 个边缘计算节点可使关键应用的网络延迟小于 200 μs。

(5) 本书在时隙光环网络中提出、实现并演示了一种新型网络同步机制，并介绍了基于 FPGA 的时隙生成和网络同步的技术细节，演示一个能够实现纳秒级控制、时隙运行和精确时间同步的网络测试平台，考察了网络性能。最终，成功实现了 2.1 μs 的时隙网络操作，达到了 80%的带宽使用率和低于 100 μs 的延迟。

1.4.2 本书的主要内容安排

本书结构如下。第 2 章介绍了灵活的分解式光城域接入网，并详述了包括硬件和软件在内的网络组件的实现情况。第 3 章介绍了第 2 章中提出的灵活的分解式光城域接入网原型的首次演示，并调研了 SDN 控制的网络切片、编排和遥测辅助的网络服务链。第 4 章提出了一种基于边缘计算的时隙光网络架构，以实现波长的高效利用和流量的快速传输，并对所提出的网络结构进行了建模和数值研究。第 5 章介绍了一种新型时隙光城域接入环和具有边缘计算功能的节点架构。该架构支持高效、动态的网络资源分配，为关键和延迟敏感型应用提供动态的光快速通道分配，并对不同网络配置下的网络性能进行了数值研究。第 6 章介绍了时隙光网络的实现，并使用 FPGA 建立了基于 2 μs 光包和时隙操作的城域网络。此外，本章还提出了一种新型时间同步机制，并验证了该机制在时隙光环网络中的精确时间分配。第 7 章总结了本书的主要研究成果，并对今后的工作进行了展望。

第2章

支持SDN和NFV编排的灵活光城域接入网络

在5G系统中，从数据密集型（如CDN和直播电视）到延迟敏感型（<1 mm）应用（如虚拟现实和在线手术）的应用共存，需要更加灵活和动态的光城域接入网络，才能够有效地重新排列以适应不同应用的需求。此外，下一代光城域接入网络节点将共同分配电信网络元素和计算与存储资源，以支持这些应用。为了解决这些问题，一方面，需要能够动态建立低延迟、无竞争和带宽自适应的全光路径的SDN控制平面；另一方面，负责管理和组合边缘计算资源的网络服务编排器对于有效的边缘计算联合是至关重要的。本章介绍了具有边缘计算的灵活光城域接入网络的架构。如图2-1所示，该网络由基于FPGA和SOA的灵活数据平面、基于ONOS的SDN控制平面，以及基于OSM和OpenStack的网络服务编排平面组成。本章将会介绍该网络的硬件、软件组件的实现，以及验证所建立模块的性能。本章的结构如下：2.1节介绍了灵活数据平面的架构和构建模块；2.2节介绍了作为数据平面组件的基于SOA的ROADM的结构和实现；2.3节介绍了基于FPGA的流量接口和ROADM控制器，包括电子开关、光网络接口和SDN代理，还分析了FPGA功能的实现和评估；2.4节提出了网络控制和管理平面的架构；2.5节和2.6节分别介绍了SDN光网络控制和网络编排软件工具的调整；最后总结了本章的主要结论。

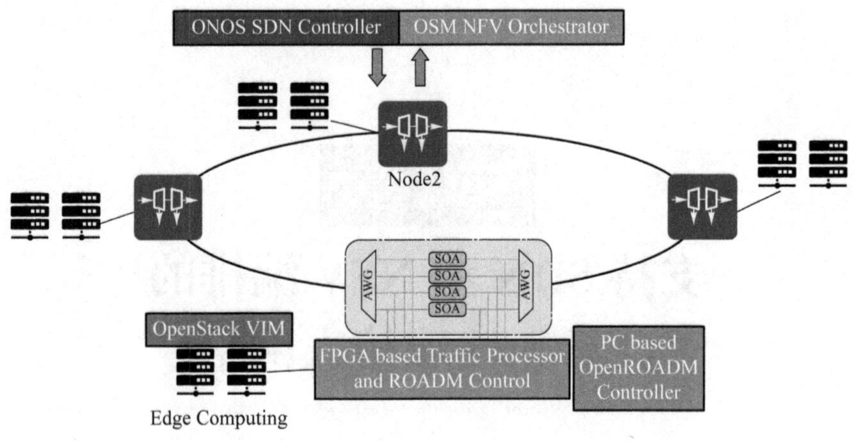

图 2-1　基于 SDN 和 NFV 编排的灵活光城域接入网络

2.1　灵活数据平面架构

一个能够响应 SDN 控制并自适应实现更好的网络性能的灵活数据平面至关重要。光网络的数据平面由物理层的光可调 TRX 和交换节点，以及第二层的流量处理器组成。本章的研究重点是光城域接入网第一层、第二层的交换节点和网络操作。可用网络容量和流量交付延迟是网络性能的两个主要指标，主要取决于在给定可调 TRX 容量和固定网络拓扑的网络中交换节点的性能。因此，光层和数据层交换节点的设计至关重要。本节介绍了基于 SOA 的 2 度 ROADM 节点的架构，以及基于 FPGA 的 ROADM 控制器和基于 FPGA 的业务接口。本文所实现的基于 FPGA 和 SOA ROADM 的灵活数据平面可由 SDN 控制器配置，并与标准的 OpenROADM[112] 设备兼容，使其能够作为完全开放控制的“白盒”设备使用。本文提出的光网络灵活数据平面架构如图 2-2 所示，其实验室部署如图 2-3 所示。每个节点由一个基于 SOA 的 2 度 ROADM 和一个基于 FPGA 的 ROADM 控制器、流量接口和 SDN 响应器组成。来自接入点（FTTH、移动、边缘计算）的流量首先通过 FPGA 流量接口进行处理，然后分类转发到光网络。每个 FPGA 配备多个不同波长的 TRX（模拟一个可调谐 TRX），每个波长可以根据 SDN 的配置灵活路由到不同的节点。最后，FPGA 可以根据 SDN 的命令修改其查找表（LUT），用于将具有特定目的地的流量路由到特定波长，并打开/关闭对应的 SOA ROADM 和 TRX。基于 SOA 的 ROADM 的结构和实现细节将在 2.2 节中讨论。

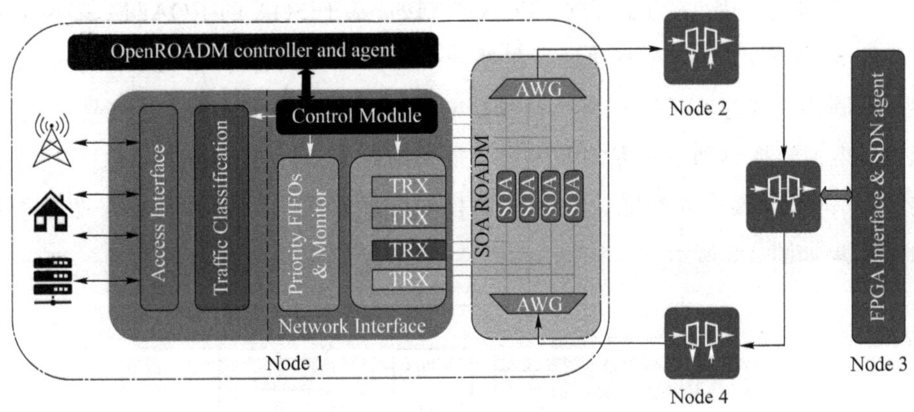

图 2-2 光网络灵活数据平面架构

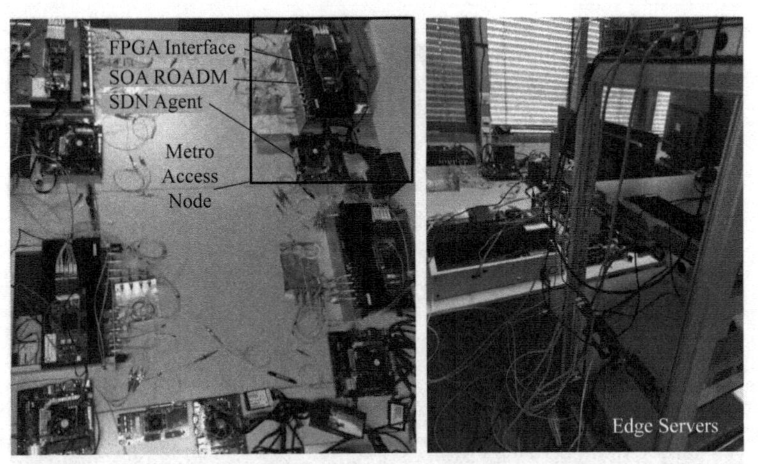

图 2-3 灵活数据平面的实验室部署

2.2 基于 SOA 的 ROADM

基于 SOA 的 2 度 ROADM 采用广播和选择结构，如图 2-2 所示。在 SOA ROADM 中，输入 WDM 信道被解复用为单个波长路径，每个路径中的 SOA 可以根据网络配置允许波长通过或阻止波长通过。进入 SOA 之前，每个波长的光功率首先被分成两部分，一部分进入接收器（下路），另一部分视情况通过 SOA 或被 SOA 阻塞。需要注意的是，所有波长都被物理丢弃，只有到达目的地的波长才会被 FPGA 接受。因此，为了实现 FPGA 控制的、基于 SOA 的 ROADM，需要采用正确的 SOA 驱动。SOA 驱动设计包括两个主要部分，快速电压电流转换驱动和温度控制器。因为 FPGA 的控制信号是电压，但驱动 SOA 需要电流信号，所以快速电压电流转换驱动是必需的。另一个重要的组件是温度控制器（TEC），用于稳定 SOA 的操作温度和性能。SOA 驱动模块原理如图 2-4 所示，4 SOA 驱动板的 PCB 布局如图 2-5 所示。

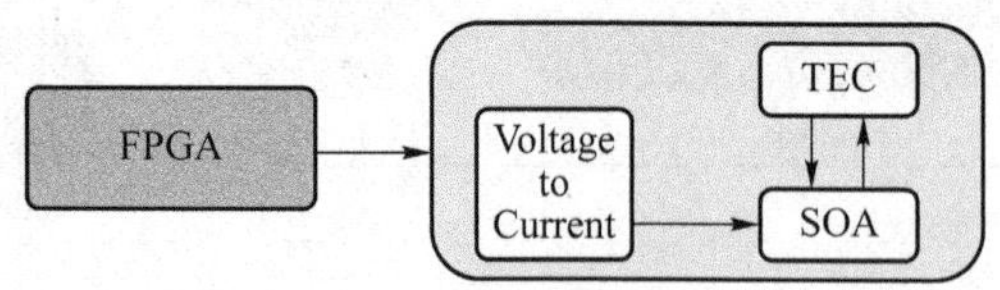

图 2-4　SOA 驱动架构

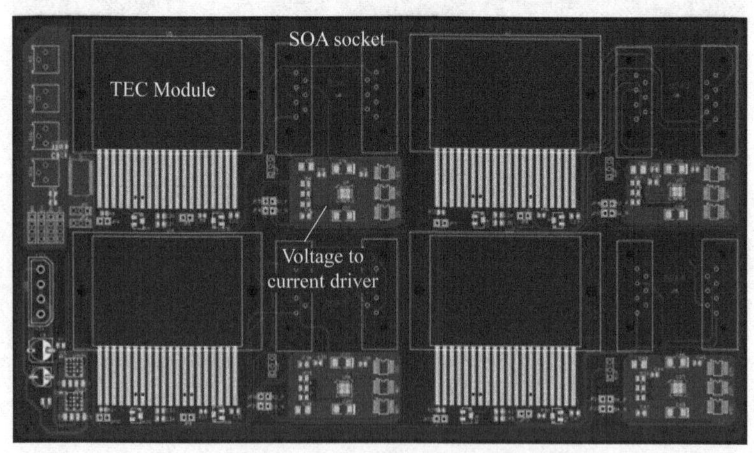

图 2-5　4 SOA 驱动板的 PCB 布局

本设计中使用的电压电流驱动芯片是德州仪器公司的 LMH6526，它是一种电子芯片，可以提供每通道高达 250 mA 的电流输出和 500 mA 的最大电流输出能力，并且可以通过外部差分电压信号快速接通/关闭。这种芯片的响应时间通常为 3 ns。本设计中使用的 TEC 模块是波长电子公司的 HTC-1500。该模块是一个集成的 TEC 系统，稳定性为 0.000 9 ℃，它支持热敏电阻，具有可调节的传感器偏置电流，并能够监控实际温度和设定点温度。SOA 驱动板的性能如图 2-6 所示，从图中我们可以看到，SOA ROADM 的光上升和光下降时间分别在 30 ns 和 5 ns 左右，这表明所设计的 SOA ROADM 的重构时间为 30 ns。30 ns 的光上升时间足以满足所需要的切换速度，但如果需要更高的性能，可以通过更好地匹配 SOA 阻抗来进一步改进。我们使用设计的电路板测量了电流与 SOA 增益之间的关系。图 2-7 为两种不同类型的 SOA(CIP SOA 和 JDSU SOA)在不同输入光功率下的电流增益曲线。这两种 SOA 都是极化无关的，剩余极化相关增益(PDG)低于 1 dB。3 dB 光增益带宽大于 30 nm。SOA 的增益足以补偿 2 度 ROADM 中的两个 AWG 和耦合器，以及光节点之间几十千米的 SMF，因此，不需要使用 EDFA 放大器，降低了网络的成本和功耗。

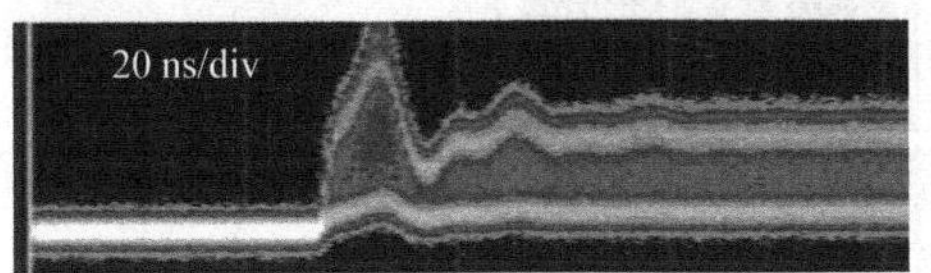

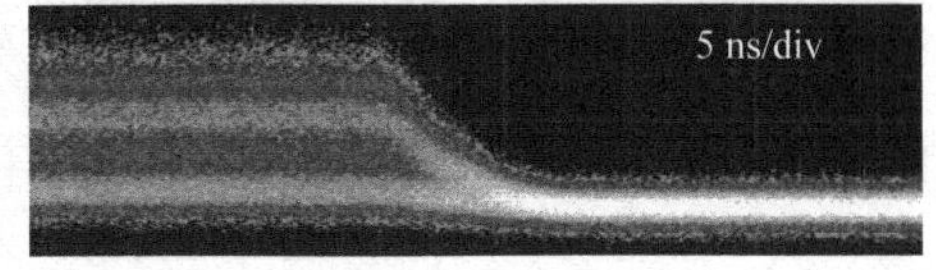

图 2-6 SOA 板的光上升和光下降时间

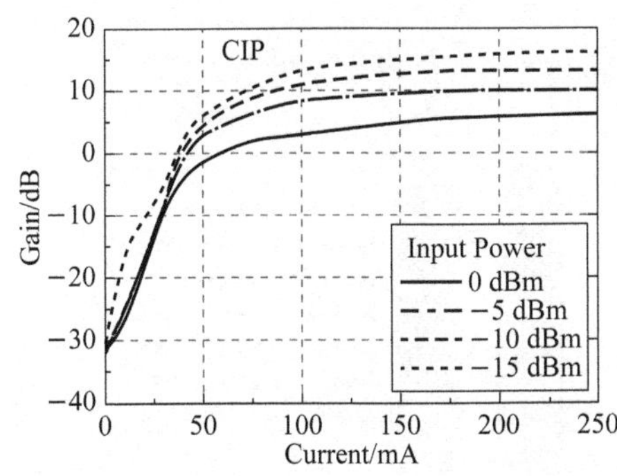

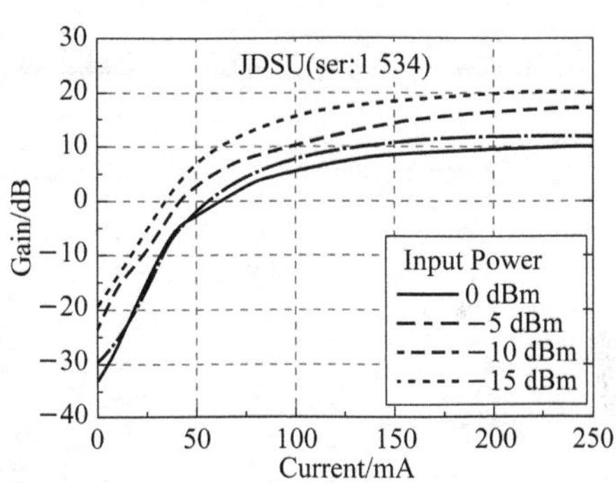

图 2-7 两种 SOA 的电流增益曲线

2.3 基于 FPGA 的光电接口

FPGA 接口架构如图 2-8 所示，它是由一个以太网交换模块组成的，用于处理和交换接入报文。之所以使用以太网协议是因为以太网协议是接入网络中使用的主要协议，如以太网 PON(Passive Optical Network)和 CoE(CRPI over Ethernet)[113] 都使用了以太网协议，并且以太网协议支持多种数据速率，如 10 Gbit/s、25 Gbit/s、100 Gbit/s，以适应不同的接入技术和数据速率需求，可以支持不同的接入技术和数据速率。除了接入部分之外，FPGA 接口架构还有一个网络接口，用于对流量进行分类并将数据包路由到目的节点。路由信息由 SDN 控制器通过 OpenROADM 代理和 PCIe 通信给出。因此，在 FPGA 中还实现了一个 PCIe 接口，用于 FPGA 与基于 OpenROADM SDN 代理的 PC 机通信。图 2-9 展示了本设计的 FPGA 的资源利用率和功耗。

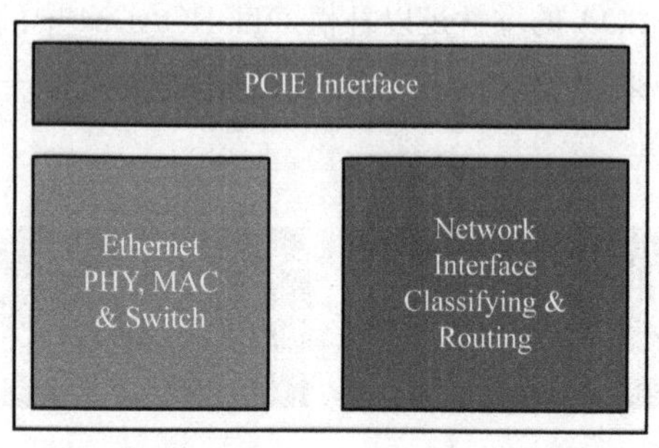

图 2-8　FPGA 接口架构

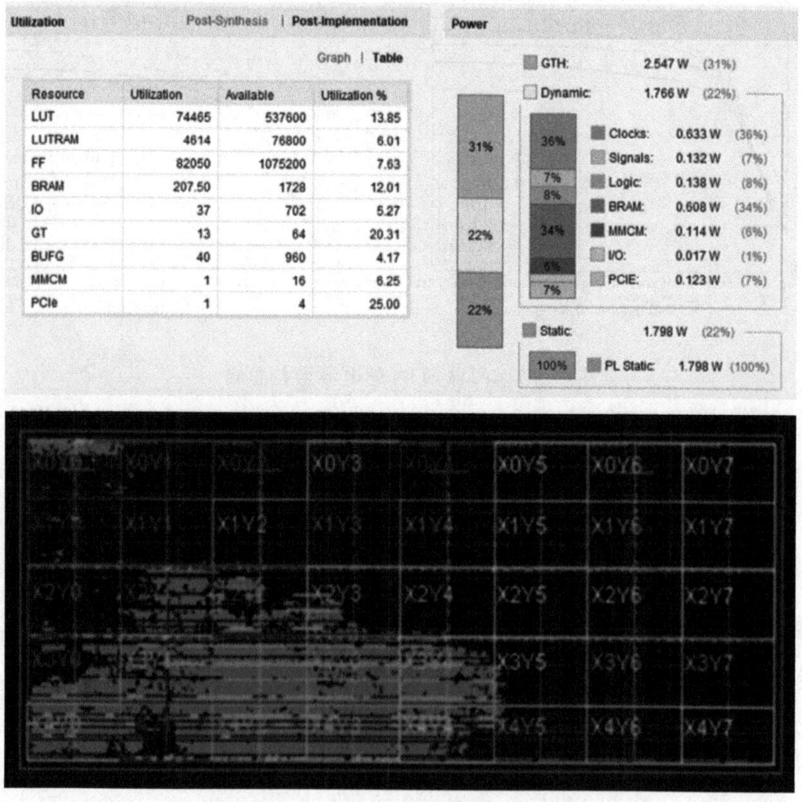

Resource	Utilization	Available	Utilization %
LUT	74465	537600	13.85
LUTRAM	4614	76800	6.01
FF	82050	1075200	7.63
BRAM	207.50	1728	12.01
IO	37	702	5.27
GT	13	64	20.31
BUFG	40	960	4.17
MMCM	1	16	6.25
PCIe	1	4	25.00

图 2-9　FPGA 的资源利用率和功耗

2.3.1 以太网交换机

以太网交换模块的原理如图 2-10 所示。实现以太网交换机的关键组件包括协议处理、数据包处理、交叉选择器、转发表搜索和 L2 学习算法。最复杂的组件是协议处理,包括 10 Gbit/s PCSPMA 和 10GE MAC。本设计中使用的是 10 Gbit/s PCSPMA,它是 Xilinx 的官方 IP 核[114],10GE MAC 基于开源 IP 核[115]。MAC 处理后的数据包将被存储到 RX FIFO 中,然后由数据包处理器组件处理。之所以使用基于 FIFO 的方法,是因为它可以很好地在 FPGA 上实现,该方法高效、易于使用,并且具有可预测的行为。

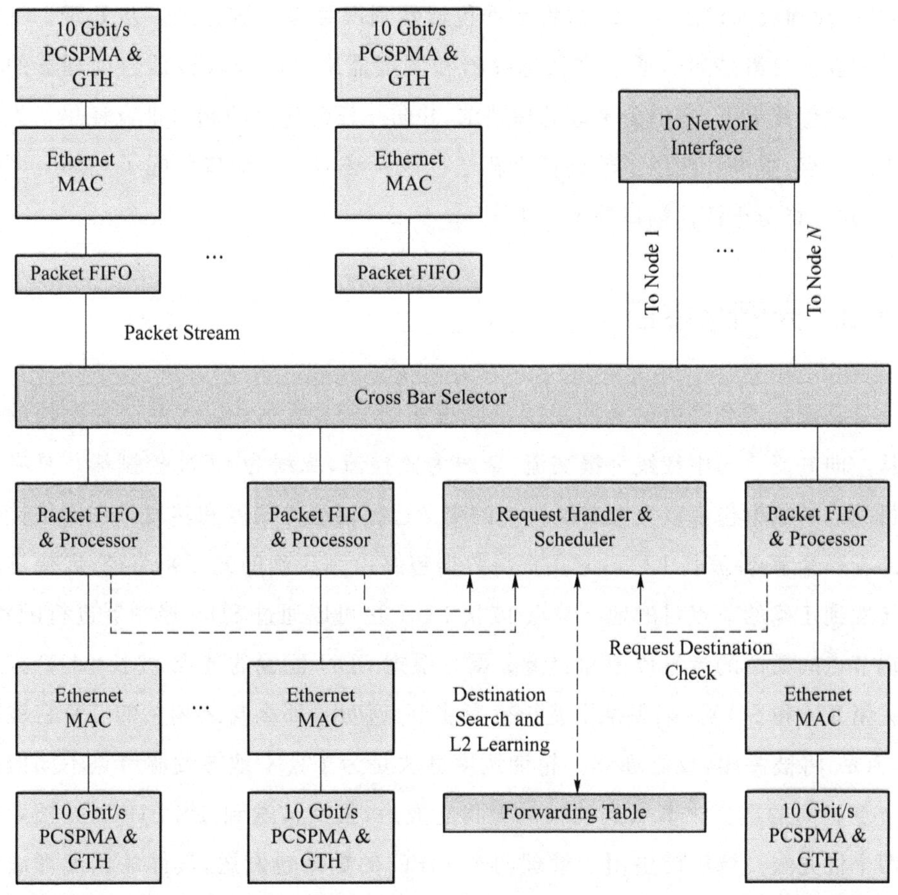

图 2-10 以太网交换模块架构

数据包处理组件从 RX FIFO 中取出数据包，检查其目的 MAC，并向转发表发送请求，从而进行目的地检索。转发表用于 MAC 地址，使用 D-flip-flop 实现，而不是典型的 RAM 模块。它在查找硬件时，可以在一个时钟周期内将所有存储的 MAC 地址与请求的地址进行比较。因此，查找将占用固定数量的周期，一个周期用于比较，一个周期用于计算匹配地址，一个周期用于从 RAM 内存中检索目标端口。转发表可以达到每秒 2.5 亿次查找的速度，足以在最小数据包的最坏情况下支持 16×10 Gbit 以太网端口。值得注意的是，转发表有两部分，一部分用于本地路由，另一部分用于光网络路由。本地路由的 LUT 最初是空的，它可以通过 L2 学习算法学习和构建 MAC-Port 对。光网络路由的 LUT 包含 MAC-Node 对，这些 MAC-Node 对可以预定义，也可以由 SDN 控制器指示。如果在光网络路由的 LUT 中找到数据包的 MAC，则将数据包转发到网络接口进行进一步处理。一个关键的设计决策是如何通过交叉选择器和调度器来分配来自数据包处理器的请求。在理想情况下，它们公平地处理请求，并防止任何连接的端口带宽耗尽。为了实现这一点，本设计使用了轮询调度算法。该算法为每个端口分配了一部分可用带宽，并且将防止任何端口的带宽不足。

2.3.2 光网络接口

具有流分类和路由的光网络接口原理如图 2-11 所示。以太网交换模块的报文从左向右流。图中红线为报文流，紫线为监控流，绿线为 SDN 控制流。具有节点目的地的数据包由以太网交换机中的交叉选择器组件调度和转发。在网络接口内部有一个节点-波长 LUT，它负责将数据包路由到正确的光 TX 路径，以便进一步转发到正确的节点目的地。节点-波长 LUT 也可以通过 SDN 控制器进行配置，实现节点间灵活的流量传输和容量分配。根据 SDN 配置的节点-波长 LUT 打开或关闭 TX 和 SOA。如果某个波长被当前节点使用，那么与之相关的 TX 将被打开，SOA 将被关闭，反之亦然。轮询调度算法是为了公平地转发源节点不同但目的节点相同的报文。节点到波长的查找完成后，报文被送到 TX FIFO，并被划分为两个优先级。调度模块用于管理两个 FIFO 的数据包发送，具体的调度算法将在第 3 章中介绍。在报文进入光接口但还未发送到目的节点的时候，在每个报文的开头添加一个时间戳，以记录其往返时间，也将用于监视和收集要暴露给控制平面的统计信息。

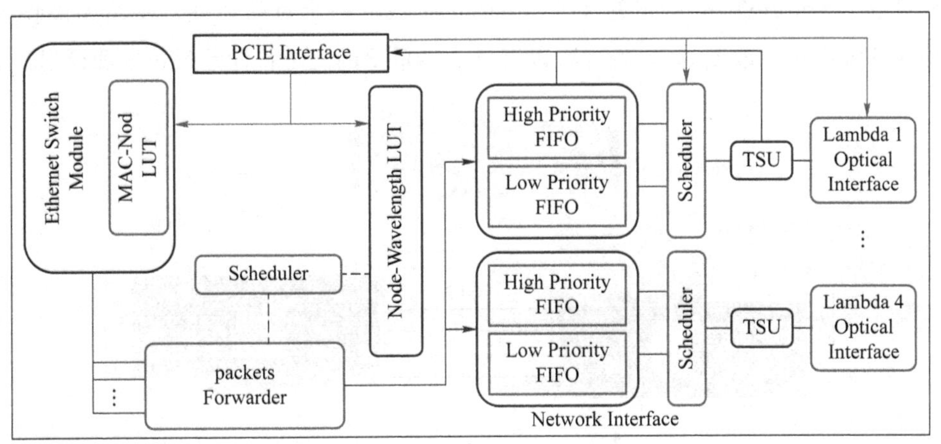

图 2-11 光网络接口模块架构

彩图 2-11

在本设计中，接入接口和网络接口的 I/O 处理速度都是 10 Gbit/s，内部数据格式为 64 bit 数据和 8 bit 标志(SOP、EOP、VALID、ERR 等)。因此，在这种情况下，不需要使用流量汇聚器。为了在网络接口上实现更高数据传输速率的 TRX，需要使用流量聚合器将多个低速流量映射到一个高速流量上。除交换功能外，还通过 FPGA 接口监控流量，以实现网络的自动运行和流量保护。具体来说，流量路径中的 FIFO 填充率被实时监控，并报告给 SDN 控制器。一旦检测到 FIFO 接近容量上限，SDN 控制器将重新配置网络，为相关网络通信分配更多带宽。

2.3.3 FPGA 接口的性能验证

使用 Spirent 流量分析仪对 FPGA 与以太网交换机和光网络的接口进行了测试，其设置如图 2-12 所示。两个 FPGA 通过 4 个 SFP+以点对点的形式连接，每个 FPGA 通过 4 个 10 Gbit/s 的端口连接到 Spirent 网络分析仪。每个 Spirent 端口都有一个 MAC 地址。在测试中，Spirent1～4 端口的数据包目的地是从 Spirent5～8 端口的 MAC 中随机生成的，Spirent5～8 端口采用相同的目的地生成策略。在该测试中，两个 FPGA 的 MAC-Node LUT 都是预先固定的，以验证流量是否正确路由。对于 FPGA 1，其网络接口上的每个端口都对应于 Spirent5～8 端口的MAC中随机生成的一个目的地址；类似地，FPGA 2 网络接口上的每个端口都对应于Spirent1～4 端口的MAC中随机生成的一个目的地址。发送和接收缓冲区的大小可以改变，其影响也可以测量。最重要的两个特性是丢包率和延迟。

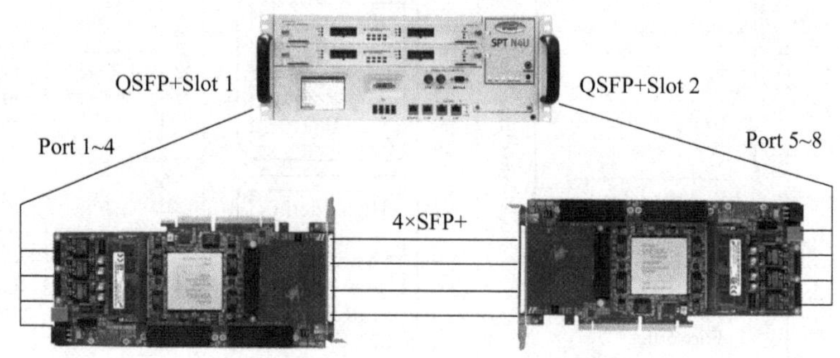

图 2-12　FPGA 接口的性能验证设置

通过在不同负载下发送大小为 64 B、512 B、1 024 B、1 518 B 的数据包流量，测量数据包丢包率。此外，还测量了大小介于 64 B 和 1 518 B 之间、平均大小为792 B 的数据包流量的丢包率。每次测量的数据包总数约为 1 000 万个。结果如图 2-13 所示。每个 FIFO 的接收和发送缓冲区大小分别为 4 096 B 和 8 192 B。从图 2-13(a)中可以看出，缓冲区大小为 4 096 B 的交换机在低网络负载下的数据包丢失率较低，但当负载超过 90%时，丢包率仍然很高。缓冲区大小为 8 192 B 的交换机在数据包丢失方面表现良好，即使当负载为 100%时，数据包丢失率也低于 1%。如图 2-13(b)所示。一个有趣的结果是，数据包流量大小随机时，测量结果具有最高的数据包丢失率。这可能是由于许多小数据包在等待几个大数据包，随后被丢弃，与丢失少量大数据包相比，丢失的数据包数量大幅增加。

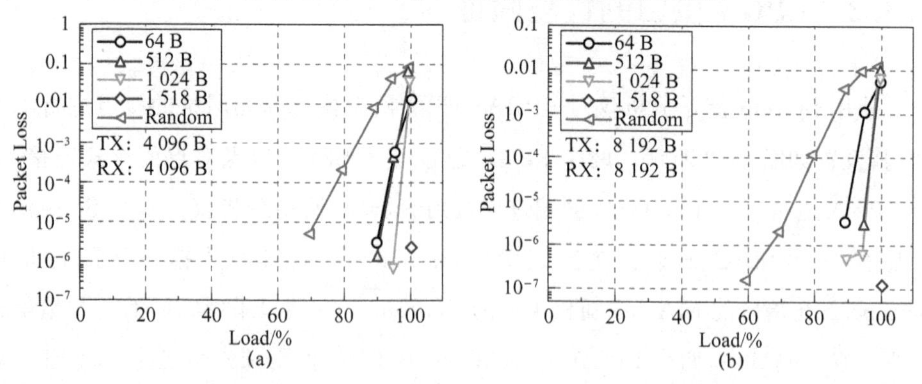

图 2-13　不同大小的数据包的丢包率与流量负载的关系

本设计还测量了交换机的平均延迟。首先需要注意的是,10 Gbit/s 以太网接口的固定延迟约为 450 ns(GTH TRX Fabric、10 Gbit/s PCSPMA、10GE MAC、FIFO 入队和出队)。Spirent 流量分析仪测量延迟的方法是在每个数据包的开头添加一个时间戳,并在接收数据包时,根据该时间戳计算延迟。因此,该测量绕过了 FPGA 的 TSU 模块。在与数据包丢失率测量配置相同的情况下,测得的平均延迟如图 2-14 所示。从图 2-14(a)、图 2-14(b)中可以看出,当负载低于 95%时,所有大小的数据包的延迟都会迅速下降,并在负载低于 75%时收敛到最小值 1 180 ns。这可能是因为数据包在高负载时需要经常等待其他数据包,而在低负载时,缓冲区大部分是空的,数据包将立即得到处理。在缓冲区较大的配置中,缓冲区中存储的数据包会更多,因此,数据包的丢失率会更低,但这会增加这些数据包的延迟,因为它们必须在更满的缓冲区中等待前一个数据包。

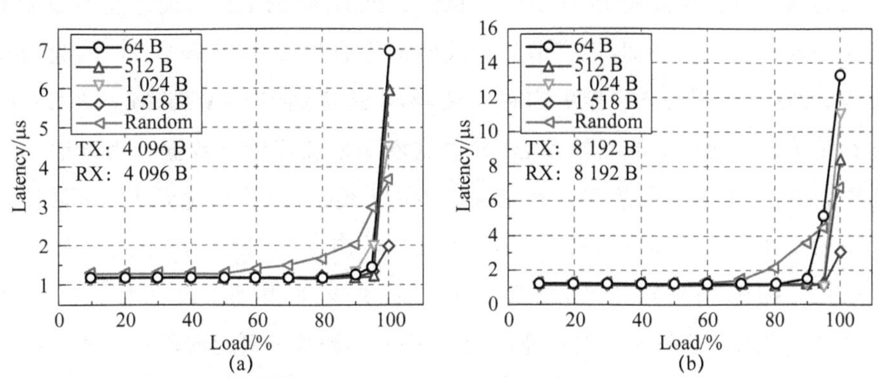

图 2-14 不同大小的数据包的延迟与流量负载的关系

2.3.4 用于 SDN 通信的 PCIe 驱动

流量路由和光网络配置由 SDN 控制器提供,FPGA 与基于 PC 的 SDN 代理之间进行 PCIe 通信。本设计使用 PCIe gen3.0 X8。在 PC 端,Xilinx XDMA Linux 驱动[116]被用于 PCIe 设备检测和 I/O 读写;在 FPGA 端,使用 Xilinx PCIe XDMA 通信 IP 核[117],PC 的数据存储在双端口 RAM 模块中,如图 2-15 所示。RAM 模块是 PCIe 与其他 FPGA 功能(如 MAC 节点和节点波长 LUT、TX 数据包 FIFO 监控)之间的接口。两个端口都能访问 RAM 中的数据,但为了数据安全,PCIe 和 FPGA 功能模块的数据被写入不同的段。值得注意的是,PC 中的内存区域是

FPGA RAM 的镜像，因此，它们的地址空间具有关联性，便于管理数据交换。PC 内存区域的初始化和管理由 Xilinx XDMA Linux 驱动完成。

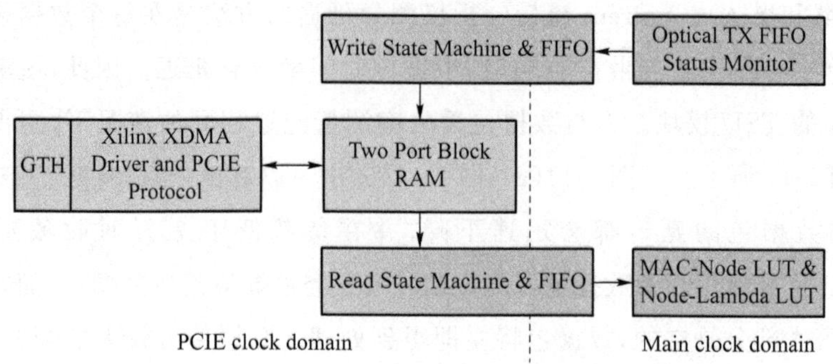

图 2-15　PCIe 通信模块的结构

读写状态机模块控制 PCIe I/O 数据流。PCIe 和 FPGA 功能之间的数据交换定义了特定的规则。例如，以字节流形式格式化的数据，带有来自 PC 的起始和终止标志，将这些数据写入给定的内存区域，然后传递到 FPGA RAM。读取状态机检测给定 RAM 地址中的起始标志，并通过增加地址值读出数据。当读取到结束标志时，完成读取标志将被写入预定义的 RAM 地址，然后传递到 PC 存储器。写状态机的工作方式与读取状态机类似，但使用的内存和 RAM 段不同。由于 PCIe 通信仅用于命令和规则传递，故其带宽不需要很高，因此，只使用了一个 PCIe gen3.0 X8 通道。这种通信的带宽约为 1 Gbit/s，测得的延迟时间约为 400 μs。

2.4　控制和编排平面的架构与实施

灵活的光网络既能满足应用需求，又能优化网络资源的使用。控制和编排平面对于实现这种灵活的光网络至关重要，一方面，异构的 5G 应用需要在不同的服务质量(QoS)下提供服务，这就要求控制和编排平面灵活地引入网络切片，为具有延迟和带宽要求的应用提供端到端的连接。另一方面，部署在网络边缘的计算节点因其轻量级容量而必须高效分配和联合。边缘计算资源联合需要一个控制和编排平面，以便为自动驾驶和边缘联邦学习等关键应用提供服务。此外，光网络和计算节点中用于监控资源使用情况的实时遥测工具也同样重要。利用监控信息，网络编排器能够以最优的方式(重新)配置底层网络和计算节点。本书设计、实现并演示了光网络的控制和边缘计算资源的编排。图 2-16 显示了光城域接入网的控制和协调平面的整体架构。在实现和演示过程中,本书采用了一些经过改编的开源工具,包括基于 ONOS 的用于光网络配置的 SDN 控制器[118]、基于 OpenROADM 的光组件模型和 SDN 代理、基于 OpenStack 的边缘计算 VIM[119]和基于 OSM 的网络编排器[120]。下文将详细介绍这些组件及其通信。

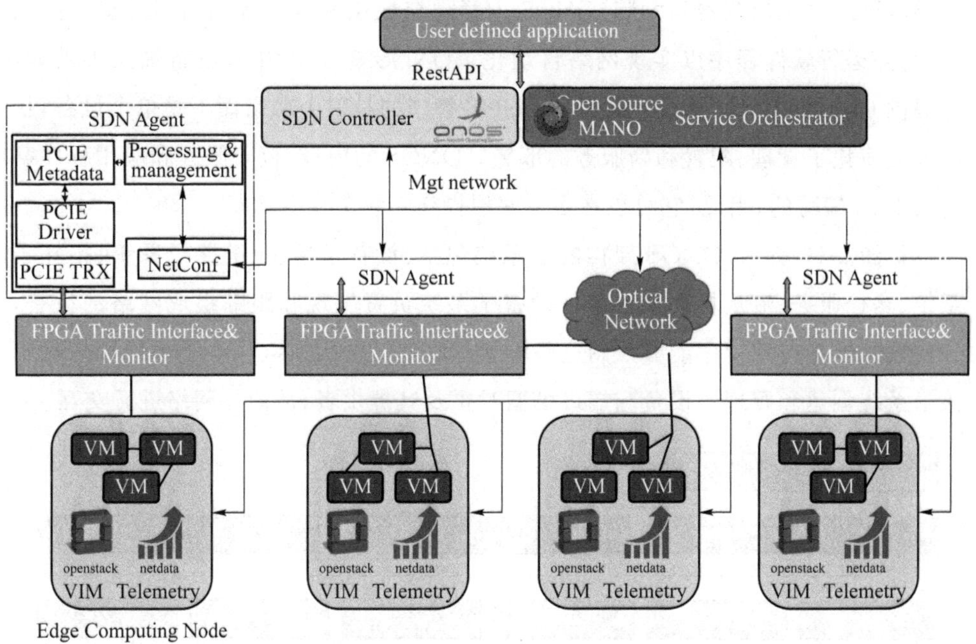

图 2-16 光城域接入网络的控制和编排平面的整体架构

2.5 SDN 控制的光网络

2.5.1 开放式网络操作系统(ONOS)

SDN 控制器的常见任务之一是配置和管理受控光网络的硬件基础设施。与传统的供应商锁定控制网络元件不同,SDN 控制器旨在通过标准通信协议和设备模型,管理来自不同供应商的网络元件。因此,涉及多个供应商设备的光网络可以通过统一的方式进行管理，组成“白盒”设备，从而降低资本支出和运营支出。开放式网络操作系统（ONOS）是领先的开源 SDN 控制器之一，被用于在电信网络中构建 SDN 解决方案。ONOS 支持网络的配置和实时控制，且无需在网络结构内部运行路由和交换控制协议。通过中心 ONOS 控制器的智能化，实现网络的创新，使得终端用户可以轻松地创建新的网络应用，而无需手动操作数据平面系统。作为底层网络的中央控制器和大脑，ONOS 为管理交换机和链路等网络组件提供控制平面，并运行软件程序以实现网络自动化。ONOS 提供 API 和设备抽象等功能，并提供 CLI 和 GUI 作为北向接口。ONOS 管理的是整个网络而不是单个设备，从而大大简化了管理、配置和新服务的部署。ONOS 的内核、核心服务和应用程序都是用 Java 编写的，因此，它可以在多个底层操作系统平台上运行。

如图 2-17 所示，ONOS 架构的子系统包括：设备子系统、链路子系统、拓扑子系统、路径服务、流量规则子系统。设备子系统负责发现和跟踪组成网络的设备，并使操作员和应用程序能够控制这些设备。ONOS 的大多数核心子系统都依赖于该子系统创建和管理的设备和端口模型对象及其提供者，从而与网络进行交互。

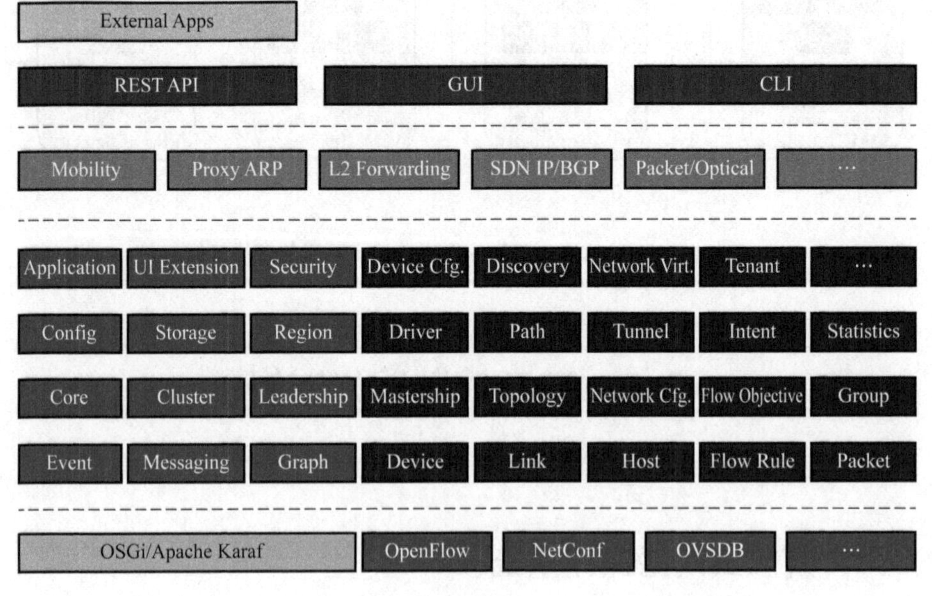

图 2-17　ONOS 架构的子系统

本设计使用带有适配硬件驱动的设备子系统与基于 SOA 的 2 度 ROADM 通信，并使用流量子系统管理光设备的配置，以便进一步配置光网络。如图 2-18 所示，光设备需要用 JSON 文件描述，其中包括地址、协议和驱动等规范，并通过 RestAPI[121]上传到 ONOS。有了适配的硬件驱动，ONOS 就能识别和控制具有所需功能的设备。本设计在实验中使用的光设备由 OpenROADM 建模，OpenROADM 设备与 ONOS 之间通过 NETCONF 协议进行通信。在 ONOS 中注册的 4 个 OpenROADM 节点如图 2-19 所示，表明 ONOS 与 4 个 ROADM 节点握手成功。

```
{
  "devices": {
    "netconf:131.155.35.47:830": {
      "netconf": {
        "ip": "131.155.35.47",
        "port": 830,
        "username": "openroadm",
        "password": "openroadm"
      },
      "basic": {
        "driver": "metrohaul-openroadm",
    "name": "ROADM-test"
      }
    }
  }
}
```

图 2-18 OpenROADM NETCONF 设备的 JOSN 文件

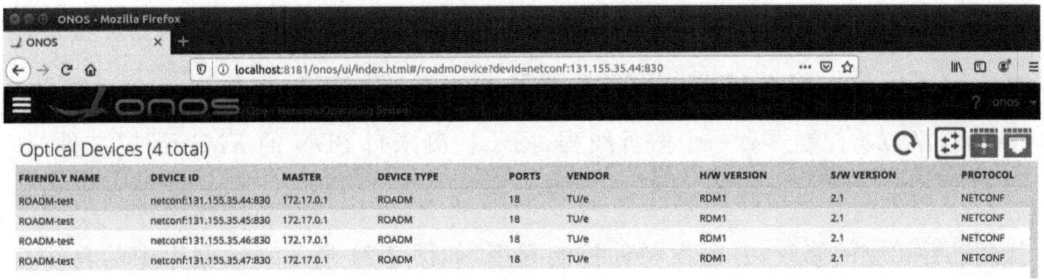

ONOS - Mozilla Firefox

localhost:8181/onos/ui/index.html#/roadmDevice?devId=netconf:131.155.35.44:830

Optical Devices (4 total)

FRIENDLY NAME	DEVICE ID	MASTER	DEVICE TYPE	PORTS	VENDOR	H/W VERSION	S/W VERSION	PROTOCOL
ROADM-test	netconf:131.155.35.44:830	172.17.0.1	ROADM	18	TU/e	RDM1	2.1	NETCONF
ROADM-test	netconf:131.155.35.45:830	172.17.0.1	ROADM	18	TU/e	RDM1	2.1	NETCONF
ROADM-test	netconf:131.155.35.46:830	172.17.0.1	ROADM	18	TU/e	RDM1	2.1	NETCONF
ROADM-test	netconf:131.155.35.47:830	172.17.0.1	ROADM	18	TU/e	RDM1	2.1	NETCONF

图 2-19 在 ONOS 中注册的 OpenROADM 节点

2.5.2 OpenROADM 和 NETCONF 代理

如今，ROADM 是由每个供应商构建的专有系统，配备专用软件来控制硬件元件并规划、管理和维护 ROADM 系统。每当网络供应商选择一个新的技术平台时,都需要进行新的软件和硬件集成和测试工作,以便将专有系统集成到网络中。因此,集成过程不仅需要很高的时间成本,还降低了创新性。在 SDN 环境中,ROADM 网元之间的连接应可以通过开放接口进行远程配置,无需人工干预。OpenROADM 与光层灵活性和软件控制相结合,成功克服了现有 ROADM 系统的上述缺点。OpenROADM 多源协议(MSA)[122] 定义了 ROADM 系统标准化的互操作性规范,其中包括光互操作性和标准 YANG 数据模型。

OpenROADM 定义了一种能够提供光分插复用功能的 ROADM 设备。这意味着 ROADM 站点可以在任何端口添加/删除任何波长,并将这些波长连接到本地客户端 ROADM 设备的任何方向上。OpenROADM 设备应包含一个 OpenROADM 控制器,用于控制 OpenROADM 设备,并为北向 SDN 系统提供设备、网络和服务的 API。OpenROADM MSA 定义了使用 NETCONF 接口和基于 YANG 的数据模型的 API,对 ROADM 设备的管理、控制和配置进行了抽象。

本设计中使用的 OpenROADM 设备模型及其 NETCONF 代理(基于 net2peer)是基于欧盟 Metro-Haul 项目框架内的意大利电信(TIM)合作项目开发的。该模型适用于 TIM 的 4 度 ROADM 系统,我们使用其中的部分模型和功能来控制我们的设备。OpenROADM 成功控制了基于 SOA 的 ROADM,展示了包含 SDN、OpenROADM 和不同类型光设备的分解光网络。在 TIM OpenROADM 控制器的基础上,我们实现了一个命令解释器和 PCIe 驱动,用于通过 FPGA 接口控制 SOA 门。OpenROADM 设备控制器和 SDN 代理安装并运行在 PC 上。OpenROADM 控制器有一个监听线程,用于检测来自 SDN 的 XML 配置文件,如图 2-20 所示。一旦检测到来自 SDN 的新配置,OpenROADM 设备的本地数据库就会进行相应的修改,并触发硬件控制程序,如图 2-21 所示。数据库中的具体变化,如输入/输出端口和通道号,会被解释为十六进制字符,然后发送到 FPGA,以修改其流量 LUT,并打开/关闭 SOA 门。PCIe 控制器是基于 Xilinx XDMA 驱动程序开发的,它在 PC 存储器中生成一个空间,并不断更新数据,使其与 FPGA 中的 RAM 中的数据一致。因此,通过改变特定内存区域的数据,可将信息发送到 FPGA,反之亦然。

```
<org-openroadm-device xmlns="http://org/openroadm/device">
  <roadm-connections>
    <connection-name>NMC-CTP-DEG3-RX-193.3-to-NMC-CTP-DEG1-TX-193.3</connection-name>
    <opticalControlMode>off</opticalControlMode>
    <target-output-power>0</target-output-power>
    <source>
      <src-if>NMC-CTP-DEG3-RX-193.3</src-if>
    </source>
    <destination>
      <dst-if>NMC-CTP-DEG1-TX-193.3</dst-if>
    </destination>
  </roadm-connections>
</org-openroadm-device>
```

图 2-20 通过 ONOS 传送到 OpenROADM 的 XML 文件

```
while(node ptr 1 != NULL){
if((fp=fopen("/dev/xdma0 h2c 0","w"))==NULL){
nc_verb_verbose("Open file:/dev/xdma0_h2c_0" );
nc_verb_verbose("Set start flag: %s .","00000000");
fseek(fp, 8, 0);
fprintf(fp,"00000000");

data[0] = *port_char;
data[1] = *(port_char+1);
data_int = atoi(data);//data-'0';
Dst = atoi(DEG_char[0]);
//Dst_lambda = atoi(DEG_char[1]);
//nc_verb_verbose("data1: %s .",data);
        //nc_verb_verbose("data1: %d %d %d.",data_int,Dst,Dst_lambda);
        switch(data int){
        nc_verb_verbose("data to FPGA: %x%x%x%x%x%x .",Dst_LUT[0],lambc
fseek(fp, 8, 0);
fprintf(fp,"%c%c%c%c%c%c",Dst_LUT[0],lambda[0],Dst_LUT[1],lambda[1],Dst

nc_verb_verbose("data from FPGA: 01 ." );
nc_verb_verbose("Set stop flag: %s .","ffffffff");
fseek(fp, 0, 0);
fprintf(fp,"%s",flag);
//fputs((const char *)'1',fp);

fclose(fp);

nc_verb_verbose("Close file:/dev/xdma0_h2c_0"  );
xmlFree(key1);
```

图 2-21 用于监听 ONOS 命令和驱动 Xilinx XDMA PCIe 设备的程序

2.5.3 OpenROADM 代理与 ONOS 之间的通信

如图 2-22 所示，NETCONF 是 ONOS 与 OpenROADM 设备之间的通信协议。我们使用开源工具 net2peer[123] 来实现 NETCONF 的网络协议栈。Net2peer 是一套基于 libnetconf 库的 NETCONF 工具，它允许操作员连接到支持 NETCONF 的设备，也允许开发人员通过 NETCONF 控制它们的设备。net2peer 是基于 libnetconf2 的一个 NETCONF 库，它使用 C 语言处理 NETCONF 的身份验证及服务器和客户端的所有 NETCONF 远程过程调用(RPC)通信。

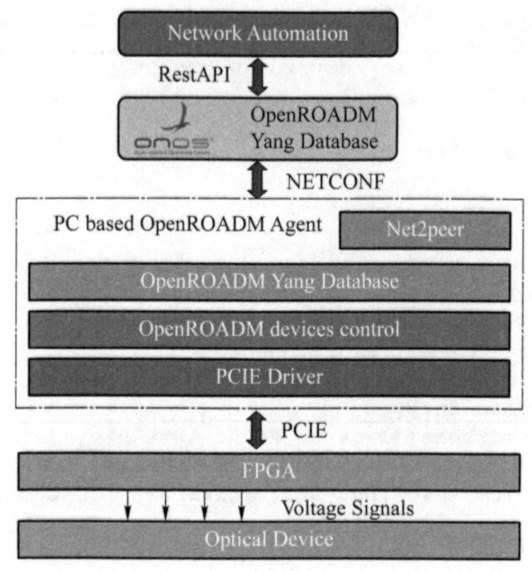

图 2-22　通过 OpenROADM 代理对基于 FPGA 的光设备进行 SDN 控制的流程

SDN 的命令可通过其 CLI、GUI 和 RestAPI 发送到 OpenROADM 设备。通过在网络自动化程序中调用 RestAPI，可以实现网络的自动运行。基于 RestAPI 的 ONOS 控制 OpenROADM 的工作流程如图 2-23 所示。我们使用 ONOS 的流量子系统控制 OpenROADM 设备，每个流量都可以通过一个 JOSN 文件定义，其中包含新配置的详细信息。JSON 文件中的每一项都与图形用户界面中的项目相关。通过修改并向 ONOS 发布新的 JSON 文件，可将信息发送到相关的 OpenROADM 代理。如图 2-23 所示，IN PORT、OUT PORT 可以转换为 ROADM 端口，CHANNEL 可以转换为波长序号，上述所有项的变化无论通过

RESTAPI、CLI 还是 GUI 都会打包成 XML 文件并转发给相关的 OpenROADM 设备。一旦 OpenROADM 设备检测到 XML 文件中的变化，就会将关键信息解释为十六进制，并通过其 PCIe 接口发送到 FPGA。图 2-24 显示了 net2peer 代理响应 SDN 配置的跟踪信息，从该图中我们可以看到接收到的 XML 信息和 OpenROADM 设备重新配置的过程。图 2-25 显示了 ONOS 与 OpenROADM 之间 NETCONF 通信的 Wireshark 跟踪轨迹，从该图中我们可以看到该通信使用了 TCP 端口 830（为 NETCONF 预留）。此外，我们还记录了该通信的时间轨迹，如图 2-26 所示，从该图中我们可以看出 ONOS 和 OpenROADM 一次配置的耗时约为1.5 s。

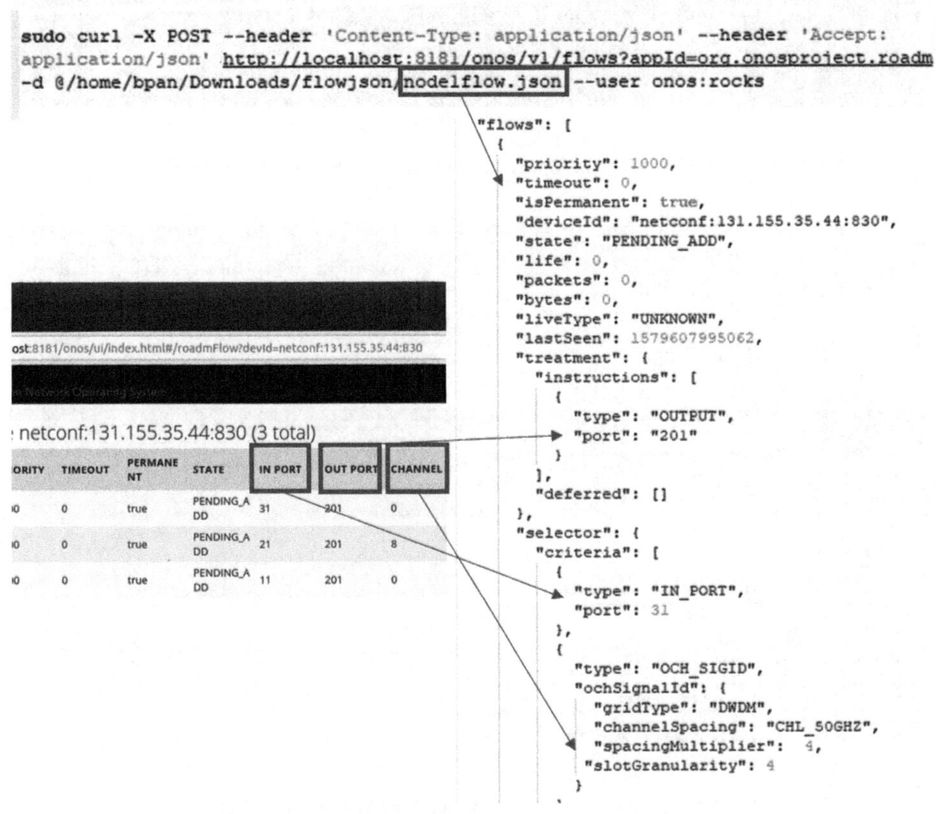

图 2-23 基于 RestAPI 的 ONOS 控制 OpenROADM 设备的工作流程

```
</rpc-reply>
netopeer-server[1]: Received message (session 1): <?xml version="1.0" encoding="UTF-8"?><rpc message-id
="29"  xmlns="urn:ietf:params:xml:ns:netconf:base:1.0">
<edit-config>
<target><running/></target>
<config xmlns:nc="urn:ietf:params:xml:ns:netconf:base:1.0">
<org-openroadm-device xmlns="http://org/openroadm/device"><roadm-connections><connection-name>NMC-CTP-D
EG3-TTP-RX-193.5-to-SRG1-PP1-TX-193.5</connection-name><opticalControlMode>off</opticalControlMode><tar
get-output-power>0</target-output-power><source><src-if>NMC-CTP-DEG3-TTP-RX-193.5</src-if></source><des
tination><dst-if>SRG1-PP1-TX-193.5</dst-if></destination></roadm-connections></org-openroadm-device></c
onfig>
</edit-config>
</rpc>
netopeer-server[1]: Merging the node org-openroadm-device (src/datastore/edit_config.c:2325)
netopeer-server[1]: Deleting the node org-openroadm-device (src/datastore/edit_config.c:1003)
netopeer-server[1]: RelaxNG validation on subdatastore 1681692778
netopeer-server[1]: Schematron validation on subdatastore 1681692778
netopeer-server[1]: Transapi calling callback /A:org-openroadm-device/A:roadm-connections with op ADD.
netopeer-server[1]: Step 1! Trigger ROADM Connection
netopeer-server[1]: Open file:/dev/xdma0_h2c_0
netopeer-server[1]: Set start flag: 00000000 .
netopeer-server[1]: data to FPGA: 221113 .
netopeer-server[1]: data from FPGA: 01 .
netopeer-server[1]: Set stop flag: ffffffff .
netopeer-server[1]: Close file:/dev/xdma0_h2c_0
netopeer-server[1]: Adding new event (3)
netopeer-server[1]: Writing message (session 1): <?xml version="1.0" encoding="UTF-8"?>
<rpc-reply xmlns="urn:ietf:params:xml:ns:netconf:base:1.0" message-id="29">
  <ok/>
</rpc-reply>
```

图 2-24 OpenROADM net2peer 代理对 SDN 配置的跟踪信息的响应

```
280 275.901350422 131.155.35.51  131.155.35.47  TCP  1030 38228 → 830 [PSH, ACK] Seq=8271 Ack=69914 Win=185472 Len=9
281 275.901645813 131.155.35.47  131.155.35.51  TCP    66 830 → 38228 [ACK] Seq=69914 Ack=9235 Win=64128 Len=0 TSval
282 275.956960328 131.155.35.47  131.155.35.51  TCP   118 830 → 38228 [PSH, ACK] Seq=69914 Ack=9235 Win=64128 Len=52
283 275.999856727 131.155.35.51  131.155.35.47  TCP    66 38228 → 830 [ACK] Seq=9235 Ack=69966 Win=185472 Len=0 TSva
284 276.000163985 131.155.35.47  131.155.35.51  TCP   298 830 → 38228 [PSH, ACK] Seq=69966 Ack=9235 Win=64128 Len=23
285 276.000190203 131.155.35.51  131.155.35.47  TCP    66 38228 → 830 [ACK] Seq=9235 Ack=70198 Win=188416 Len=0 TSva
286 276.000943492 131.155.35.51  131.155.35.47  TCP  1590 38228 → 830 [PSH, ACK] Seq=9235 Ack=70198 Win=188416 Len=1
287 276.001253343 131.155.35.47  131.155.35.51  TCP    66 830 → 38228 [ACK] Seq=70198 Ack=10759 Win=64128 Len=0 TSva
288 276.061195391 131.155.35.47  131.155.35.51  TCP   118 830 → 38228 [PSH, ACK] Seq=70198 Ack=10759 Win=64128 Len=5
289 276.103858084 131.155.35.51  131.155.35.47  TCP    66 38228 → 830 [ACK] Seq=10759 Ack=70250 Win=188416 Len=0 TSv
290 276.104126882 131.155.35.47  131.155.35.51  TCP   298 830 → 38228 [PSH, ACK] Seq=70250 Ack=10759 Win=64128 Len=2
291 276.104142541 131.155.35.51  131.155.35.47  TCP    66 38228 → 830 [ACK] Seq=10759 Ack=70482 Win=191232 Len=0 TSv
292 276.104821393 131.155.35.51  131.155.35.47  TCP   790 38228 → 830 [PSH, ACK] Seq=10759 Ack=70482 Win=191232 Len=
293 276.111339642 131.155.35.47  131.155.35.51  TCP    66 830 → 38228 [ACK] Seq=70482 Ack=11483 Win=64128 Len=0 TSva
294 276.166850441 131.155.35.47  131.155.35.51  TCP   118 830 → 38228 [PSH, ACK] Seq=70482 Ack=11483 Win=64128 Len=5
295 276.207795290 131.155.35.51  131.155.35.47  TCP    66 38228 → 830 [ACK] Seq=11483 Ack=70534 Win=191232 Len=0 TSv
296 276.208077770 131.155.35.47  131.155.35.51  TCP   298 830 → 38228 [PSH, ACK] Seq=70534 Ack=11483 Win=64128 Len=2
297 276.208089266 131.155.35.51  131.155.35.47  TCP    66 38228 → 830 [ACK] Seq=11483 Ack=70766 Win=194176 Len=0 TSv

▶ Frame 294: 118 bytes on wire (944 bits), 118 bytes captured (944 bits) on interface 0
▶ Ethernet II, Src: AsrockIn_b3:dc:b6 (70:85:c2:b3:dc:b6), Dst: Dell_30:83:54 (e4:43:4b:30:83:54)
▶ Internet Protocol Version 4, Src: 131.155.35.47, Dst: 131.155.35.51
▼ Transmission Control Protocol, Src Port: 830, Dst Port: 38228, Seq: 70482, Ack: 11483, Len: 52
    Source Port: 830
    Destination Port: 38228
    [Stream index: 23]
    [TCP Segment Len: 52]
    Sequence number: 70482    (relative sequence number)
    [Next sequence number: 70534    (relative sequence number)]
    Acknowledgment number: 11483    (relative ack number)
    1000 .... = Header Length: 32 bytes (8)
  ▶ Flags: 0x018 (PSH, ACK)
    Window size value: 501

0000  e4 43 4b 30 83 54 70 85  c2 b3 dc b6 08 00 45 00   ·CK0·Tp· ······E·
0010  00 68 2e eb 40 00 3f 06  bf 0c 83 9b 23 2f 83 9b   ·h.·@·?· ····#/··
0020  23 33 03 3e 95 54 eb 50  4a 5c 4c 94 dc 35 80 18   #3·>·T·P J\L··5··
0030  01 f5 21 2d 00 00 01 01  08 0a 58 c4 f1 44 9d e1   ··!-···· ··X··D··
0040  0d d1 77 d9 b1 6f 6a 9f  16 42 dc 1c f7 6d 6d f6   ··w··oj· ·B···mm·
0050  8b 04 9e d4 c9 05 01 44  4b 29 fa 0a 84 e1 b8 13   ·······D K)······
0060  ad ca 52 cd 24 5b 94 18  de c6 2e aa d9 b4 a4 34   ··R·$[·· ··.····4
```

图 2-25 ONOS 与 OpenROADM 之间通信的跟踪轨迹

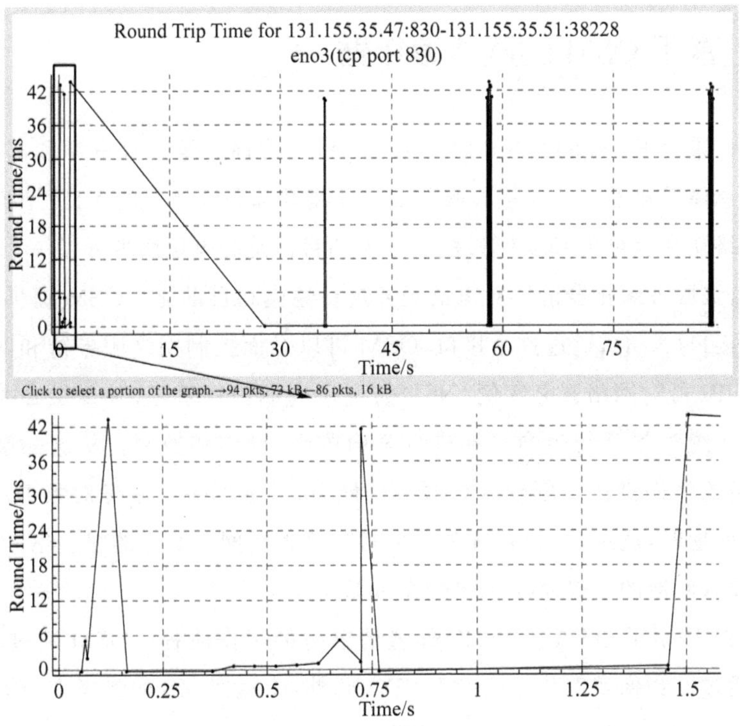

图 2-26 ONOS 与 OpenROADM 之间通信的时间轨迹

2.6 网络编排

部署在网络边缘的计算节点可以为关键应用提供快速的流量/数据处理。然而，出于经济方面的考虑，边缘计算的资源是轻量级的，因此，需要妥善管理和高效利用。边缘资源必须由中央编排器管理，该编排器能够以最优的方式将工作负载部署到边缘计算节点，以实现负载平衡和资源高效率。为了更好地管理区域网络中多个边缘节点的资源，虚拟化基础设施管理器(VIM)是必不可少的。通过VIM，不同地点的边缘计算资源可以虚拟化为一个资源池，并由网络编排器进行管理，从而提供更灵活、更高效的资源使用。

2.6.1 基于 OSM 的网络编排器

本设计采用 ETSI 的开源 MANO(OSM)来管理边缘计算资源和部署网络服务。作为总体编排器,OSM 接收服务请求并将其部署到注册的 VIM 节点,网络服务链和网络切片也可由 OSM 管理。OSM 的目标是为电信服务开发一个端到端服务编排器,该服务编排器能够对电信服务进行建模和自动化。OSM 提供了一个统一的北向接口(NBI),通过这个接口,OSM 可以全面控制网络服务链和网络切片。OSM 的 NBI 可对网络服务实例(NSI)的生命周期进行管理,并提供必要的抽象,允许客户系统对 NSI 的生命周期进行全面监督、操作和控制。从这一层面来看,OSM 的目的是提供按需创建网络服务的能力,并返回一个服务对象 ID,该 ID 后续可用作处理器,通过调用 OSM 的北向接口来控制网络服务的整个生命周期和运行状态,并以便捷的方式监控 NIS 的全局状态。

图 2-27 展示了 OSM 接收 NS 部署请求时的工作流程。OSM 通过控制底层的 VIM 通过其镜像实例化相关的 VNF。此外,将返回 NS 的参考 ID 给 OSM,以便进一步管理 NSI 的生命周期并监控其状态。通常在 OSM 中注册的 VIM 可以是基于虚拟机的环境,如 OpenStack,也可以是基于容器的环境,如 Kubernetes。通过 SSH 连接和生成的密钥在 OSM 和 VIM 之间传递信息。图 2-28 为在 OSM GUI 中显示的已注册和启用的 4 个 VIM 节点,每个 VIM 都有唯一的标识符。

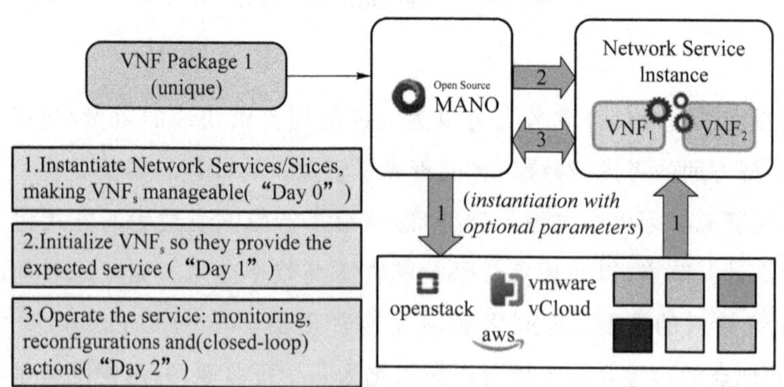

图 2-27 OSM 的工作流程

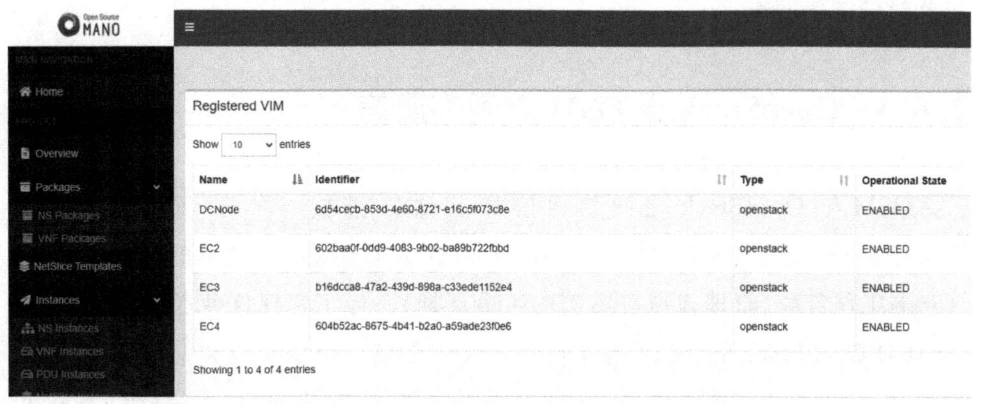

图 2-28 在 OSM GUI 中显示的已注册和启用的 VIM 节点

2.6.2 基于 OpenStack 的边缘计算 VIM

本设计将 OpenStack 用作边缘资源的 VIM。OpenStack 通常是一个云操作系统，它使用常见的身份验证机制，通过 API 控制数据中心中的大型计算、存储和网络资源池，所有资源均通过 API 进行管理和配置。此外，OpenStack 提供了基本的基础设施构建块，可以将其部署到任何地方，包括网络边缘，以提供基础设施即服务功能。OpenStack 的灵活和模块化的特性使其能够高效地运行在边缘计算节点所需的最小服务上。

OpenStack 平台结合了包括网络资源、存储资源和多供应商硬件处理工具在内的多种功能组件。OpenStack 提供了命令行工具、RESTful Web 服务和基于 Web 的仪表板作为用户界面。OpenStack 采用模块化架构，不同的功能组件可以单独安装，因此，可以只安装必要的功能。OpenStack 有几个用于管理网络、计算和存储资源的关键组件。Nova 是 OpenStack 的组件之一，它简化了提供计算实例的方式。Neutron 提供了作为服务的网络连接功能，以操作 OpenStack 的网络 API，使其可以在各种接口设备(如虚拟网卡)之间提供网络连接，这些接口设备由其他类型的 OpenStack 服务(如 Nova)处理。Cinder 用于为 Nova 虚拟机、容器、Ironic 裸金属主机等提供卷。Keystone 通过实现 OpenStack 的 Identity API，提供共享的多租户授权、服务发现和 API 客户端身份验证功能。Glance 项目使用户可以发现和上传数据资产，这些数据资产可应用于许多其他服务，目前包括元数据服务和镜像定义服务。

2.6.3 OpenStack 于 OSM 之间的通信

OSM 与 OpenStack 之间的通信基于 SSH 连接。首先，不同节点中的 OpenStack 需要在 OSM 上注册；然后，OSM 作为 OpenStack 节点的租户，将被用于部署工作负载（管理虚拟机实例的生命周期）。为了实现这种通信，需要添加 OSM 对 OpenStack 的标识。在 OpenStack 中创建一个安全组和一个密钥对，如图 2-29 所示，并在 OSM 中指定，使其成为一个受信任的租户。每个 OSM 和 OpenStack 的连接都需要一个带有密钥对和安全组的标识详情。最后，通过这些标识详情，OSM 可以登录 OpenStack VIM，并进一步部署工作负载，即管理虚拟机实例的生命周期。

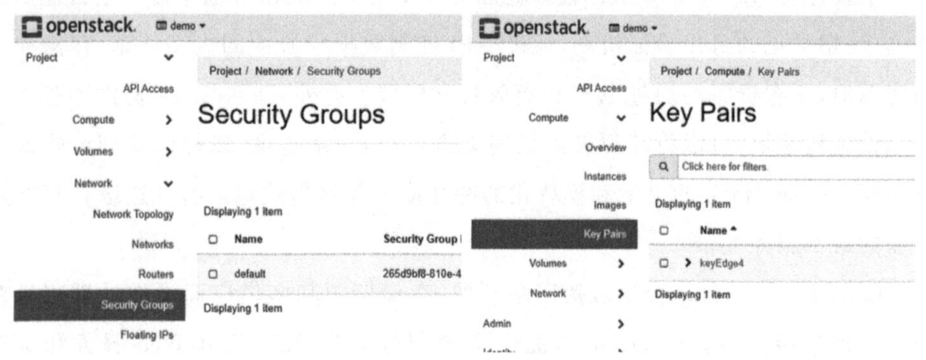

图 2-29　OpenStack 识别的安全组和密钥对

图 2-30 显示了在 OpenStack 中部署的网络服务，以及这些网络服务在 OSM 管理界面中的屏幕截图。网络服务由两个虚拟网络功能（VNF）及其网络连接组成。每个网络服务都需要一个网络服务描述（NSD）文件，用于指定 VNF、虚拟网络接口和连接的配置。通过 NSD 文件，OSM 可以通过 OpenStack VIM 实例化网络服务并管理其生命周期。OSM 与 OpenStack 之间启动 VNF 实例的通信跟踪轨迹如图 2-31 所示。OpenStack 的 Nova 服务用于 VNF 的安装。

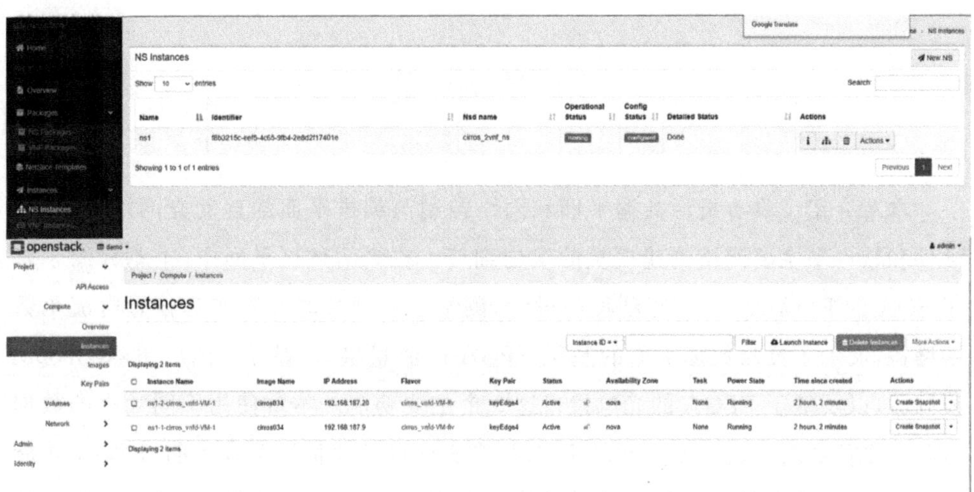

图 2-30　OpenStack 中部署的网络服务在 OSM 管理界面中的屏幕截图

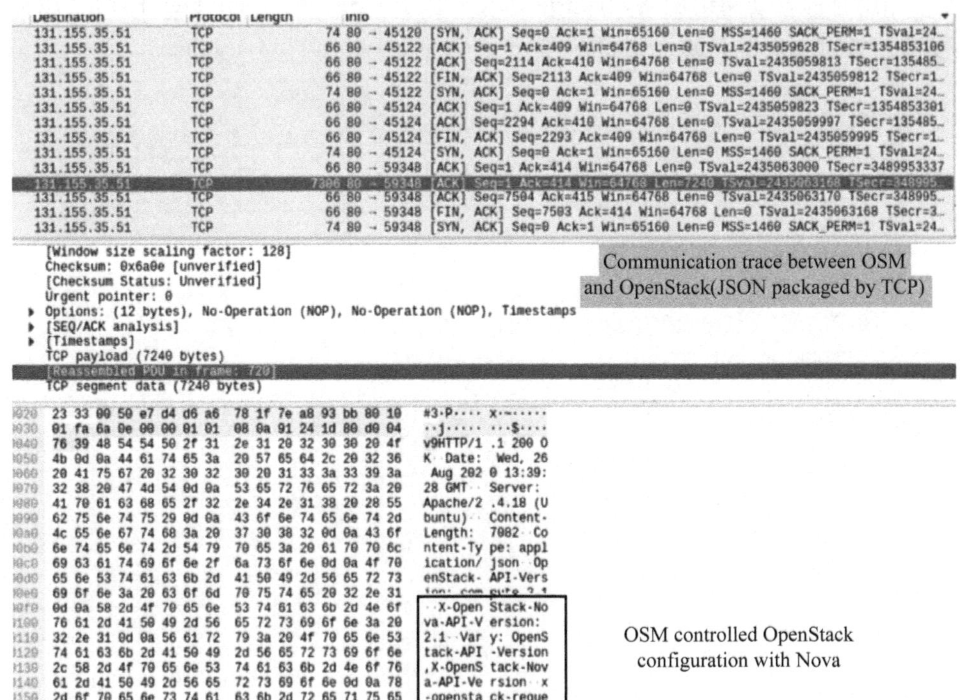

图 2-31　OSM 与 OpenStack 的通信跟踪轨迹

本章小结

本章介绍了具有灵活数据平面和网络控制与编排平面的自动光网络，展示了硬件和软件中主要网络构建模块的实施细节。在灵活数据平面中，本章介绍了基于SOA的ROADM及其驱动程序设计，测量了光开关时间和作为偏置电流函数的增益，展示了灵活数据平面的基于FPGA的流量接口、基于FPGA的ROADM控制器，以及基于FPGA的光电接口这3个主要功能。本章使用不同大小的数据包和网络负载对本设计所实现的FPGA功能进行了评估。结果表明，FPGA功能成功实现，并实现了次微秒级的流量处理和高于95%的吞吐量。此外，本章还展示了基于ONOS的SDN控制器、OpenROADM SDN代理与特定的PCIe FPGA驱动相结合的自动网络配置，介绍并演示了基于OSM和OpenStack的网络服务编排，以实现高效的边缘计算联合。

第3章

自动光城域边缘计算网络的实验评估

未来的5G和5G以后的系统预计在灵活和动态的环境中运行，该环境中存在多种类型的应用程序（如物联网、工业4.0、人工智能），这些应用程序具有不同的QoS要求，如延迟、带宽和可靠性。此外，传感器、机器人和自动驾驶汽车等新型应用程序将在计算节点上产生大量数据[124]。然而，基于数据中心的云计算在分析这些大规模分布式终端设备生成的数据时面临着困难。具体来说，大量的计算和管理任务需要传输至云端，这对云计算的通信和计算能力提出了重大挑战。此外，许多新型应用程序（如自动驾驶、虚拟现实）对延迟极为敏感，这使得云计算很难适应[125]。边缘计算作为一种有前途的技术，有望解决延迟受限的问题，缓解云计算压力，并节省带宽成本。与此同时，在光城域网中分布的边缘计算节点需要由网络系统适当的服务和管理。因此，作为支持即将到来的新应用程序和边缘计算互联的基础设施，光城域网需要重新设计，以提供灵活性和能力，动态适应新应用程序的要求。首先，光城域接入网络应该在与SDN控制器的合作下，在数据层和物理层进行重新配置，以适应多样化的要求；其次，需要一个集中式编排器来全面管理网络服务和IT资源[126]；最后，网络系统应被实时监控，使编排器了解当前的网络状态和资源利用情况，以便自动优化网络性能和资源分配。

最近对光城域接入网络的研究集中在灵活网络和负责IT资源分配的控制平面上[127-130]，以及基于P4的流量流可编程的数据平面上[131-135]。在本研究中，我们使用FPGA作为多功能光学控制和流量处理（聚合、分类器）监控接口。FPGA提供了一个完全可编程的数据平面，该平面具有对数据包的每一个比特进行处理的能力，因此，它能够灵活地聚合、分类、转发和监控流量，并同时根据需求控制光学设备。此外，因为来自不同端口的流量可以并行处理，所以FPGA带来了额外的流量转发效率。上述优势使得 FPGA 比基于 P4 的其他电气接口更加强大。已经有几项研究工作被提出，旨在为网络服务功能链提供仿真和数值优化[136-139]。然而，基于可编程硬件的自动网络重新配置，结合资源监控和应用需求以提供高效的边缘计算服务链的能力，尚未进行实验调查和展示。

在本章中，我们展示了具有可编程的灵活数据平面、边缘 IT 资源编排器和用于监视网络 IT 资源使用情况的遥测功能的光城域接入网络架构的动态运行。本章通过实验调查灵活可重构的光网络的基础设施，以解决网络效率方面的挑战。本章展示的网络架构采用了开源 SDN 控制器、边缘计算虚拟化基础设施管理器(VIM)和网络功能虚拟化(NFV)编排器，用于自动管理边缘 IT 资源、网络操作和服务提供。为了验证所提出的网络架构，我们实施了一个包含 4 个城域接入节点的环形网络的测试平台，在动态 NSC 部署的研究案例下对网络架构的性能进行了评估。结果表明，光城域接入网络在 SDN 控制器和 FPGA 流量监视器的协作下具有动态可重构性。此外，还展示了成功的遥测辅助和 NFV 编排的 NSC 部署。对于带宽要求高的 VNF 连接，本章展示的网络架构能够实现超过 50%的带宽改善。

本章的结构如下：3.1 节介绍了具有 SDN、NFV 和网络服务编排的光城域接入网络的架构和系统操作；3.2 节介绍了实验设置，并报告和讨论了调查的主要结果；最后总结了本章的主要结论。

3.1 城域接入边缘计算网络的架构和系统操作

为了高效地自动管理多个边缘计算节点，以实现分布式资源的联合分配，需要具备灵活可重构的光学数据平面和辅助遥测的集中控制平面。图 3-1 展示了本设计拟议的光城域接入环形网络的硬件和软件构建模块。在数据平面中，每个节点包含一个分散的基于 SOA 的 ROADM 和一个基于 FPGA 的灵活多功能流量接口。SOA 门作为波长阻断器，可以由基于 FPGA 的流量接口 ROADM 控制器打开或关闭，以通过或阻塞每个单波长。同时，SOA 可以提供光放大功能，从而取代光交换系统中的高成本 EDFA[140]。每个节点只能在自己空闲的波长上添加流量，或者是那些被节点自身阻塞的波长。值得注意的是，为了实现光学旁路、阻断、丢弃，或旁路和丢弃(用于丢弃数据包并继续操作)，所有入射波长的光功率都会被分割，并根据每个波长的目的地进行处理。在此操作过程中，节点必须根据数据包目的地检查仅属于自己的被丢弃数据，这与无源光网络(PON)技术中使用的机制类似[141]。网络的波长分配由每个节点的 FPGA 通过 SDN 分配的网络配置进行控制。SDN 控制器基于 ONOS 平台，特定的硬件驱动程序已经实现通过 NETCONF 协议支持和控制光学组件。ONOS 平台提供了多个高级抽象的应用接口，通过这些接口，上层应用程序可以了解网络的状态，并控制数据平面的资源(波长分配和 L2 学习算法)通过网络。通过隐藏需要手动操作的底层硬件设备来简化网络管理，并优化网络。网络配置可以通过 REST API 或 GUI 动态加载和卸载，无需重新启动节点。

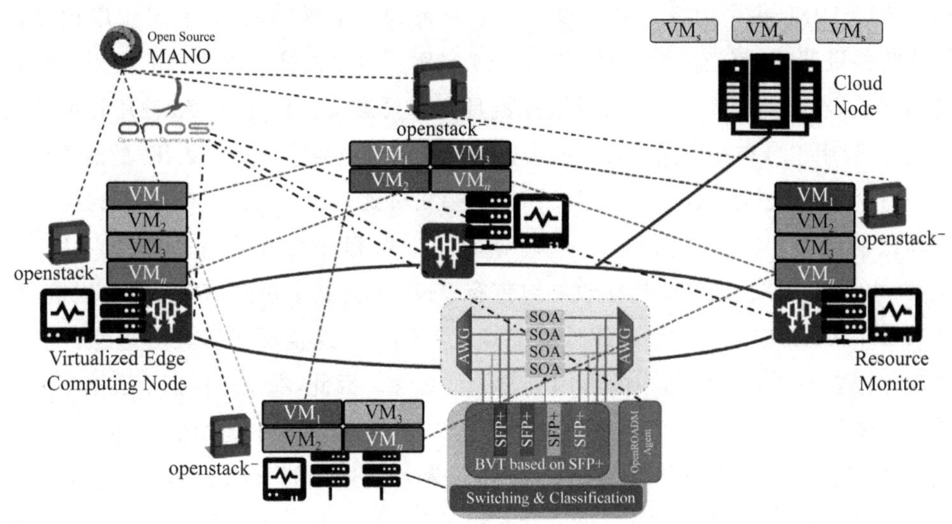

图 3-1 光城域接入环形网络的架构

在 ROADM 端，硬件 SDN 代理用于驱动光学组件，该代理是基于 PC 的 OpenROADM 代理。SDN 代理基于 OpenROADM YANG 模型，并经过专门的增强和适配以用于硬件控制。在每次对话中，首先，代理从 NETCONF 数据包中提取 SDN 命令，将其转换为 PCIe 数据流。然后，FPGA 将 PCIe 数据转换为逻辑电平高或低的信号，以驱动基于 SOA 的 ROADM。最后，控制器通过从 FPGA 上传的信息监视每个端口上的流量负载和特定光路径上的延迟。这使得网络管理应用程序能够根据网络的实时状态来优化网络性能并提升资源利用率。具体而言，该接口实时监视每个 TX 和 RX 处的 FIFO 状态。如果 TX 处的 FIFO 几乎满了(距离完全满仅剩 2 个单元)，那么 TX 将立即向 SDN 发送警报信号，SDN 将尝试为节点分配更多的链路容量，或将延迟不敏感的流量重新转发到云端或其他可能的边缘计算节点。因此，SDN 控制器能够感知每个节点的流量负载，从而能够自动重新配置或进行网络切片。此外，由于 FPGA 内存资源有限，因此，它仅记录数据流的平均和最大往返时间(RTT)。作为链路 QoS 的一部分,平均 RTT 和最大 RTT 的信息也将被发送到 SDN 控制器,以更好地管理网络系统。

除了 SDN 外,VIM 负责通过将硬件资源虚拟化为用户资源池,使边缘计算的 IT 资源具有灵活性。通过 VIM,VNF 可以灵活高效地部署在边缘计算节点上,并进一步组成 VNF 链。在边缘计算方面,基于 OpenStack 的 VIM 用于虚拟化硬件管理,边缘 VIM 的主要功能是通过边缘计算网络对虚拟机(VM)实例进行生命周期管理。具体而言,VIM 负责创建、迁移和删除 VM 实例,并管理 VM 的网络接口。借助 VIM,每个边缘计算节点都可以被视为一个资源池,为上层应用程序提供所需的资源(计算、存储、内存)作为 VM 实例。由于边缘计算节点的资源受到经济因素的限制,跨多个 VIM 组成服务链具有重要意义。因此,OSM 被用作网络服务编排器,用于分布在不同位置的多个边缘计算节点中编排 NSC_s/VNF_s 的放置。

每个 VIM 通过 Secure Shell(SSH)链接注册到 OSM,从而具有有效的租户名称和识别信息。OSM 由特定客户端界面的上层程序命令来管理每个 VIM 中 VNF_s 的生命周期。OSM 将接收一组带有 VNF 和连接要求的 NSC,并生成输出,指示每个 VNF 应该在哪个边缘计算节点上实例化。这需要同时具有边缘计算节点和连接它们的光学网络中的可用资源的可见性。因此,本设计在光学数据平面和边缘计算节点中实现了网络系统的遥测功能。光学数据平面的遥测信息由 FPGA 实现,包括特定端口的网络负载(缓冲区填充比)和特定连接的 RTT。对于边缘服务器的资源利用率和硬件性能监控,本设计采用了基于 Netdata[142] 的开源性能和资源监控系统。选择 Netdata 的原因是它具有高效的数据库,以 1 s 的粒度存储 CPU、内存、硬盘和网络接口的实时指标。此外,它能够以主从模式工作,该工作模式有助于实现分布式多节点的遥测功能。通过与 ONOS、OpenStack、OSM 和遥测的协作,光城域接入环形网络能够在边缘计算光城域网络中有效地部署和组合 NSC。因此,客户端可以通过光城域边缘计算网络中共同分配的资源有效地提供服务。

3.2 实验设置和结果分析

3.2.1 实验设置

如图 3-2 所示,光城域接入网络由一个包含 4 个城域接入节点的环形网络组成，每个节点之间由 10 km 的光纤连接。在光城域接入网络方面，每个节点配备有基于 SOA 的 2 度 ROADM，由 Xilinx UltraScale FPGA 控制。同一 FPGA 配备有 4 个 SFP+收发器(ITU Ch21、23、25、27)，以模拟 BVT，通过动态打开/关闭每个 TRX 来实现。此外，FPGA 还在接入端作为客户端接口，执行电子以太网交换机的功能，用于聚合、分类、交换和监视接入流量。监视的流量统计数据通过连接到 FPGA 的 PC 主板实现的 OpenROADM SDN 代理接口提供给 SDN 控制器。FPGA 中的 RX 和 TX 路径的 I/O FIFO 设置为 8 192 B(1 024×8 B)。每个节点还包括一个带有 4×10 Gbit/s 网络接口卡(NIC)的服务器，用作边缘计算。将一个具有 16 个服务器的数据中心节点连接到设置中，用于模拟边缘计算节点和 DC 节点之间的实际网络操作协作。此外，每个节点还通过两个 10 Gbit/s 的端口连接到 Spirent 测试中心。Spirent 流量发生器和分析仪用于生成接入流量并分析网络性能，以评估丢包率和延迟。图 3-2 还分别显示了环形网络中 4 个通道的频谱。在 4 个节点处的添加和丢弃操作，都通过调整 $ROADM_s$ 中 SOA 的注入电流来保证所需的 OSNR 和 SFP+接收机的接收功率，从而实现无差错运行。SOA_s 具有小于 1 dB的偏振相关增益，并补偿了 10 km 链路跨度和 $ROADM_s$ 中 AWG 产生的功率损耗。

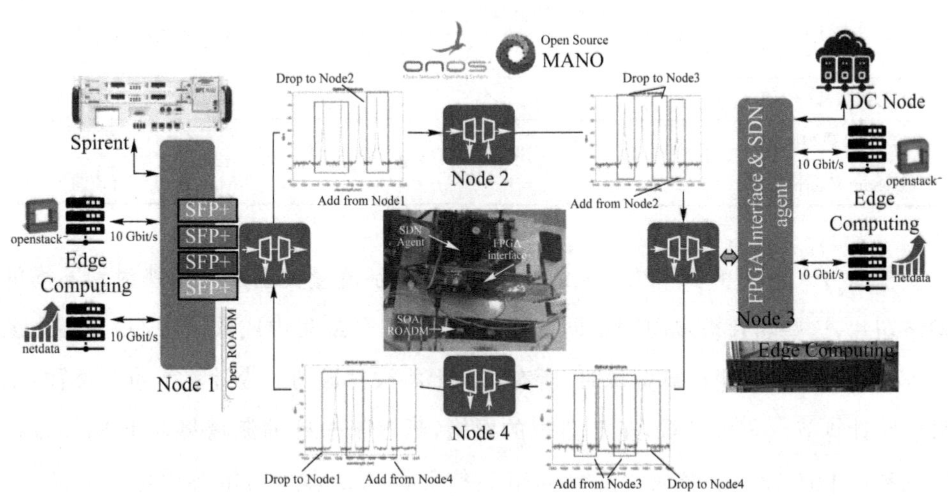

图 3-2　本设计所提出的光城域接入网络的实验设置

3.2.2 动态光城域接入网络性能研究

光网络的性能研究主要涉及延迟、丢包率与网络负载之间的关系。此外，本节还介绍了基于遥测辅助的动态 SDN 控制网络优化的优势。使用 Spirent 网络流量生成器和分析仪来生成模拟的天线流量，并记录网络性能的统计信息。本节考虑了两种类型的流量，分别是 mIoT 和城市宏观物联网流量。这两种类型流量的具体流量模式如表 3-1[143]所示。mIoT 流量仅具有上行流量，每个天线站点的流量负载为 277.78 Mbit/s。数据包大小均匀分布为 5 种(94 B、144 B、234 B、327 B、699 B)字节。对于城市宏观物联网流量，到计算节点的上行流量为每个天线站点的 138.89 Mbit/s，数据包大小为 64 B。对于下行流量，每个天线站点的流量负载为 277.78 Mbit/s，数据包大小为双峰分布(35%的数据包大小为 64 B，65%的数据包大小为 1 470 B)。上行流量由从天线站点到流量终端的流量模拟，下行流量由从流量终端到天线站点的流量模拟。

表 3-1 两种类型流量的具体流量模式

流量类型	每个天线的流量带宽(Mbit/s)		数据包大小分布(B)
	下行流量	上行流量	
移动物联网(mIoT)	0	277.78	94、144、234、327、699
城市宏观物联网 (Urban Macro IoT)	277.78	138.89	64(上行流量)、 64、1 470(下行流量)

根据传入流量的源 MAC 地址，接口可以识别流量类型并将其映射到不同的网络切片，这些切片被定向到不同的站点(边缘计算或集中式数据中心)。当边缘服务器有足够的可用计算资源时，所有流量都将被发送到边缘计算节点。然而，如果边缘计算节点负载过重，基于监视的网络，延迟不敏感的流量将被 FPGA 接口转发到集中式 DC，以释放边缘计算节点的资源来处理延迟敏感的流量。此外，SDN 控制器监视 FPGA 内部网络接口的 I/O 缓冲区。当 FIFO 快满时，SDN 控制器与 FPGA 通信，以打开更多的收发器来增加容量。

图 3-3(a)和图 3-3(b)显示了上行流量的丢包率和延迟。由于下行流量是从边缘计算节点(端口 5)到城市天线站(端口 2)的点对点(p2p)流量，且输入带宽等于

输出带宽,因此,网络性能始终良好。在图 3-3(a)和图 3-3(b)中,我们可以看到,当流量负载为轻负载时(<30 个输入流即负载小于 4.167 Gbit/s),一个波长信道就可以以低延迟且无丢包的形式成功地将传入的流量传输到边缘计算节点;当流量负载增加到 40 个输入流(5.67 Gbit/s)时,一个波长不足以支持流量,此时,SDN 控制器分配了两个收发器(即波长)来传输流量。

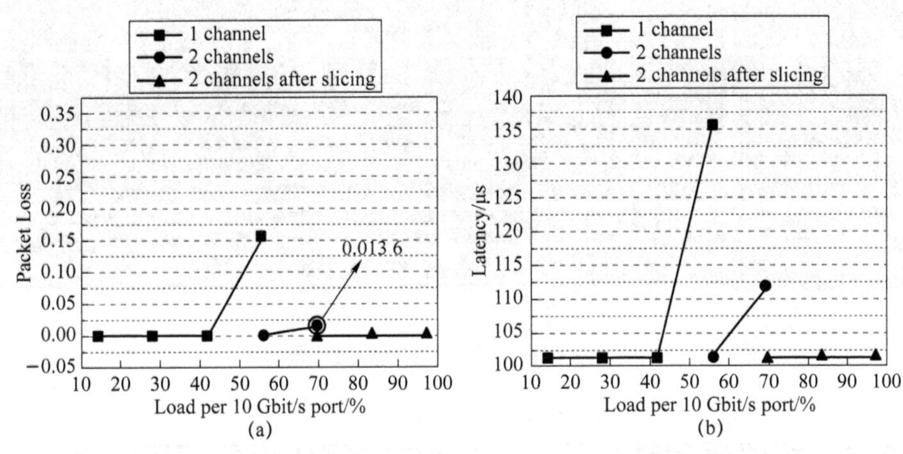

图 3-3 实验网络的延迟和丢包率

图 3-4 显示了 FPGA 对传入流量的监控跟踪,我们可以从中看到数据包的 MAC 地址和传入流量所记录的 FIFO 填充比。在分配了两个波长并打开了两个 TRX_s 后,网络可以在 40 个输入流的负载下实现零丢包和低于 102 μs 的延迟。然而,当网络负载增加到 50 个输入流(6.49 Gbit/s)时,即使使用两个波长,也无法实现无丢包通信。原因是当数据具有相同目的地时,FIFO 中的争用更加频繁。为了进一步改善网络性能,流量在接入接口处根据源 MAC 地址进行分类。由于 mIoT 流量的目的地被 SDN 控制器转发到 DC 节点,因此,这种类型的流量被视为对延迟不敏感的流量。通过对流量进行分类并将其映射到不同的网络切片,且使用两个 p2p 连接,可以实现无丢包运行和低延迟性能。在网络切片的情况下,Urban Macro 流量在 70 个输入流(9.722 3 Gbit/s)时实现了 101.2 μs 的单向网络延迟和零丢包。

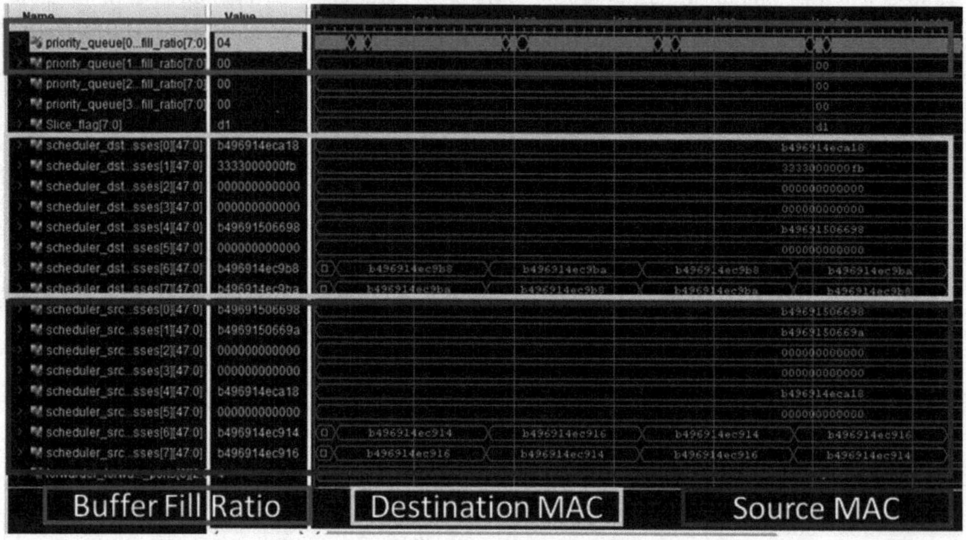

图 3-4　FPGA 对传入流量的监控跟踪

3.2.3　网络遥测辅助和 NFV 编排的网络服务部署调查

本节研究了光学数据平面和遥测辅助网络编排工具共同协作的整体网络性能。本研究有两个目标：第一个目标是通过在不同边缘计算节点上分配的 VNF$_s$ 来优化部署 NSC$_s$，第二个目标是通过动态调整数据平面参数（如流量优先级和路径选择）来优化 NSC$_s$ 的服务质量（带宽和连接性）。在实验中，一个高级网络管理程序通过其 North Bound Interface（NBI）API 来控制网络系统，这个系统包括 SDN 光网络控制器和网络服务编排器。此外，SDN 控制器和网络服务编排器通过 1 Gbit/s 以太网管理边缘计算节点的光网络和 VIM。遥测信息以每秒更新一次的频率，作为监控工具支持的最精细的粒度。对于每个 VNF，增强型平台感知（EPA）特征被定义为对 VIM 的特定硬件要求（CPU、RAM、存储、外部卷）。NSC 的按需部署和构成的目标是在满足其 EPA 要求的同时部署 VNF$_s$，并在满足它们之间的网络连接 QoS 要求的情况下，链式连接 VNF。在实验场景中，我们在网络中部署了 4 个 VNF$_s$，如图 3-5 所示，并假设每个 NSC 中的 VNF$_s$ 不允许在同一边缘计算节点中部署，以便调查节点和网络操作的合作。表 3-2 列出了所需的网络 QoS 要求[144]，本研究考虑的应用程序是第 1 个和第 2 个场景中的 NSC1 的触觉互联网,以及第 1 个场景中的 NSC2 的机器人技术。

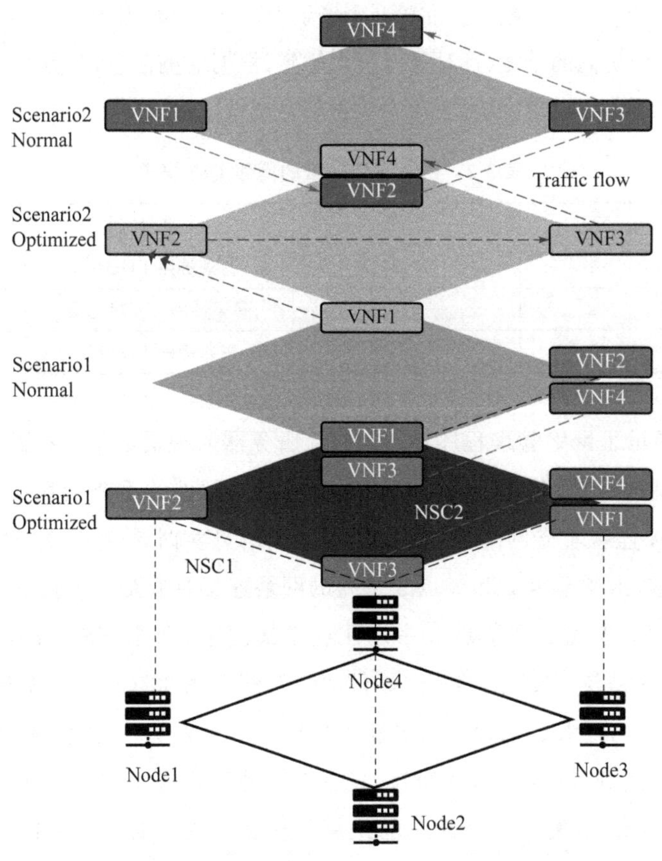

图 3-5 跨边缘计算节点的网络服务部署

我们在有或没有 NSC 优化的情况下,研究和比较了网络延迟和 VNF 连接的最高带宽。在正常情况下(没有优化),只考虑了 VNF 分配的硬件要求。所有 VNF$_s$ 选择均满足硬件要求的第一个服务器(从边缘 1 到边缘 4)。VNF$_s$ 是由基于 Ubuntu 的 VM 模拟的,每个 VNF 实例的硬件要求均设置为 4 GB RAM、2 个虚拟 CPU 和 10GB 存储。在优化的情况下,部署和构成也考虑了网络 QoS 要求。优化策略是根据遥测信息将带宽要求高的 NSC 部署到具有更高可用带宽的边缘计算节点上。此外,VNF 连接的流量可以由 SDN 控制器赋予高优先级,以保护它免受竞争共享资源的其他应用程序流量的影响。因此,NSC 可以优先于其他竞争可用带宽的流量,故其可以接近 TRX 的最大传输带宽。对于延迟敏感的 NSC,将根据光网络的遥测信息分配具有最低延迟的网络路径。图 3-5 显示了每个场景中优化和正常 NSC 的构成。在第 1 个场景中，两个 NSC$_s$ 分别由 VNF1 和 VNF2(NSC1)以及 VNF3 和 VNF4(NSC2)组成。在第 2 个场景中，4 个 VNF$_s$ 组成一个链。在第 1 个场景中，NSC1 需要更高的带宽，且对延迟不太敏感，根据遥测信息，节点 3 和节点 1 有最高的可用带宽，因此，VNF1 和 VNF2 分别部署在节点 3 和节点 1 上。

表 3-2 两个研究场景的网络 QoS 要求

场景	NSC	VNF	最高带宽	延迟
1	1	1、2	每条链路 1 Gbit/s	5～10 ms
	2	3、4	每条链路 100 Mbit/s	1 ms
2	1	1、2、3、4	每条链路 1 Gbit/s	5～10 ms

图 3-6 展示了网络管理程序和 Netdata 服务器监视器之间交换的数据，这是一种 JSON 类型的数据，包含了当前正在运行的关键硬件的重要信息。此外，每个节点中的 FPGA 监视着光网络的状态，并将监视信息实时传送给控制器。NSC2 对延迟更为敏感，由于节点 2 和节点 3 之间的网络连接具有最低的延迟，因此，VNF3 和 VNF4 部署在节点 2 和节点 3 中。在正常情况下，两个 NSC$_s$ 都部署在节点 2 和节点 3 中，这是与 VNF 的第一个硬件要求匹配。图 3-7(a)和图 3-7(b)显示了场景 1 中优化和正常 NSC 配置之间的性能差异。结果表明，在优化情况下，NSC1 的最高带宽可以达到 TRX 的最大带宽，且 NSC2 的延迟为 50.9 μs，是可实现的最低延迟。然而，在正常情况下，NSC1 的最高带宽仅约为 TRX 最大带宽的 40%，而 NSC2 的延迟比优化情况下高出约 10 μs。这些结果证明，基于遥测的 NSC 部署可以根据要求优化 VNF 连接的 QoS。在场景 2 中，NSC1 由 4 个 VNF$_s$ 组成，VNF$_s$ 之间的网络连接的带宽应根据表 3-2 中显示的要求进行优化。此外，图 3-5 显示了从 VNF1 到 VNF4 的流量顺序。在正常情况下，VNF1 和 VNF2 部署在节点 1 和节点 2 中。然而，从节点 1 到节点 2 的波长由节点 2 和节点 4 共享，这导致为应用程序提供服务的带宽较低。根据监控数据，在优化情况下，VNF1 和 VNF2 自动重新配置在节点 2 和节点 1 中，以提高通信带宽。因此，现在节点 2 使用专用波长的带宽向节点 1 发送流量，故优化的部署胜过正常的部署。图 3-7(c)和图 3-7(d)显示了场景 2 中优化和正常 NSC 配置之间的性能差异。结果表明，在优化情况下，NSC 中的每个连接都可以达到 TRX 的最大带宽，尽管网络延迟高于正常情况，但这是合理的。因为本节的策略是找到具有优化带宽的最佳解决方案，所以在这种情况下，延迟并不是主要关注点。

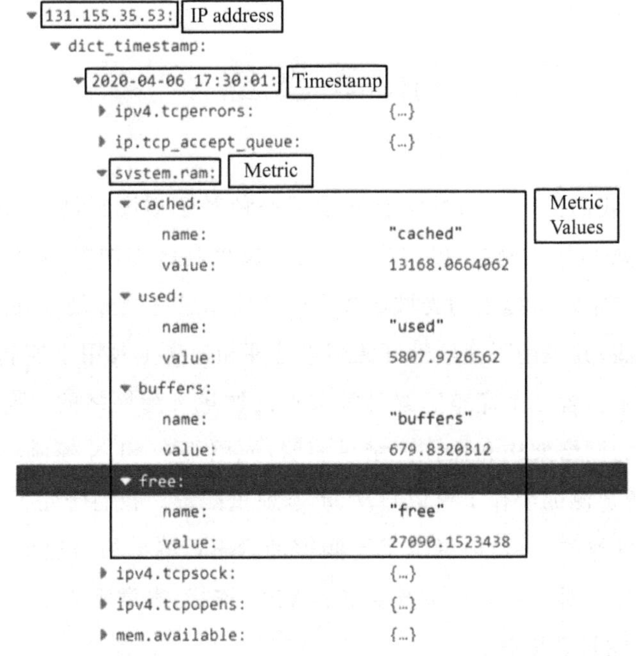

图 3-6 跨边缘计算节点网络服务部署结果

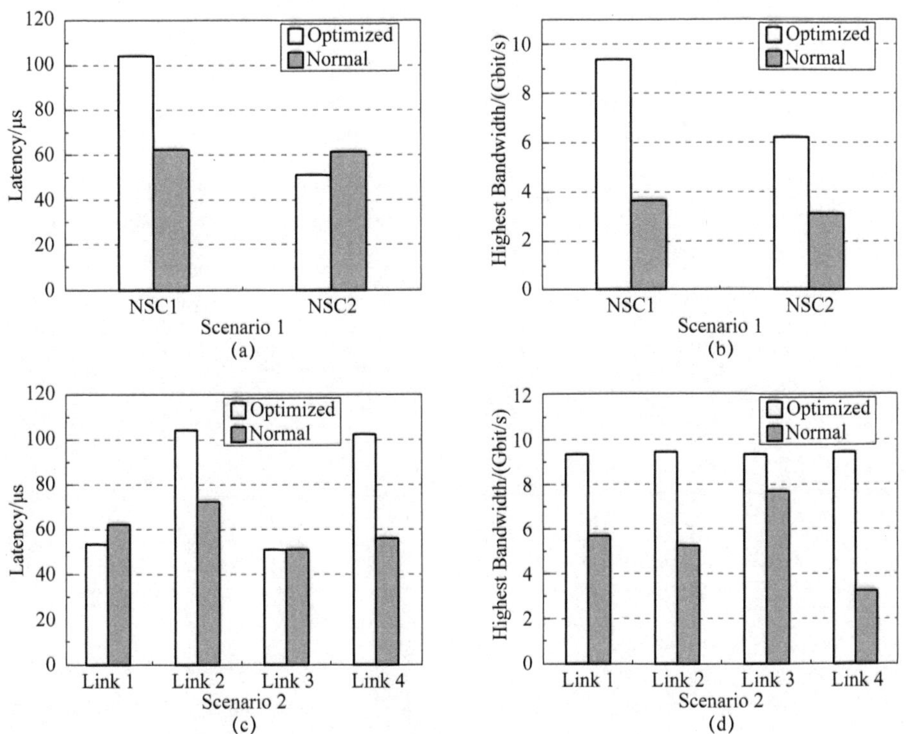

图 3-7 跨边缘计算节点网络服务部署结果

本章小结

在本章中，我们提出并通过实验展示了一种基于遥测辅助的 SDN 可重构和 NSC 编排的光城域接入网络，以解决未来 5G 及更高版本网络系统与边缘计算相互连接的挑战。本章所提出的光城域接入网络使用了完全可编程和灵活的硬件平台用于数据平面，并采用了适应性开源网络管理和遥测工具用于控制和编排平面。我们构建了一个包含 4 个完整边缘计算节点的城域环形网络的实验测试平台，用于验证所提出的网络架构和操作。结果表明，光网络在 SDN 控制器、FPGA 数据平面和 IT 资源遥测的协作下可以自动、动态地重配置。我们研究了不同的使用案例以验证系统的操作，成功地展示了遥测辅助、NFV 编排的跨边缘计算节点网络服务部署和优化。对于具有高带宽要求的 VNF 连接，本章所提出的网络架构可以实现超过 50%的带宽提升。

第4章

基于快速光波分路器的边缘计算城域网性能评估

未来的5G系统将在高度异构的环境中运行，其特点是存在多种类型的接入技术、设备和用户交互方式。故需要网络具有灵活和快速的重新配置能力，以满足不同需求的更加灵活和动态的光城域网，对于支持从数据密集型应用程序（如CDN和直播电视）到延迟敏感型（<5 ms）应用程序（如虚拟现实和在线手术）至关重要。此外，5G网络的几种应用不仅需要动态的带宽分配，而且需要大量的计算和存储资源。例如，无线天线信号的多输入多输出（MIMO）处理需要大量的计算资源[145]。支持自动驾驶汽车、实时对象捕获和处理的5G网络需要大量的计算和存储资源来处理大量的实时数据并进行内容传递。因此，为了满足上述需求，下一代光城域网络节点将共同分配电信网络资源和计算与存储资源来支撑这些应用。下一代动态光城域网应该通过利用光学开关和网络虚拟化的最新成果，有效支持具有动态流量模式的各种接入技术和应用。基于“白盒子”概念的新型网络节点架构，集成了“分布式数据中心”的功能，该架构以供应商中立的方式使用分类硬件，并拥有本地处理和存储资源，对于将商品化硬件与电信网络元素集成以降低网络成本方面具有很高的前景[67]。已经在众多文献[146-152]中研究了基于快速可控插入拆分器的时间和波长统计多路复用的几个城域节点。

电信和计算资源在城域节点中的融合推动了研究人员对NFV和网络切片的研究，通过将专用的、基于硬件的网络功能转移到在商品化硬件上运行的软件中来以更灵活、更好地利用这些资源。NFV的灵活性与网络切片的结合，将物理网络划分为多个虚拟的端到端（E2E）网络，该结合允许网络运营商根据应用的要求灵活地将虚拟网络功能和资源分配给不同的应用。特别是,为了有效利用有限的计算资源,与大型数据中心的计算资源相比,计算和存储资源被分布式部署在接近终端用户的地方,以减少对延迟敏感的应用的网络延迟。例如,一方面,移动网络从远程射频单元(RRU)到基带单元(BBU)池的延迟应该小于几百微秒[153],并且一些5G用例需要超低的网络延迟用于实时数据交换。另一方面,大型数据中心(DC)可以提供强大的计算能力和大规模的存储资源,但由于网络接入点位于数百甚至数千千米远的地方,较高的网络延迟阻碍了网络对延迟敏感型应用的处理。因此,调查动态城域网必须考虑NFV、边缘计算和网络切片以满足5G应用的性能。

在本章中,我们提出了一种基于纳秒级可重构光分插复用器(nOADM)的时隙光城域网,它具有灵活和快速的网络重新配置能力。基于nOADM的光网络在波长使用上完全灵活,并且能够快速传输流量,这对于支持边缘计算、5G和电信NFV的未来光网络非常重要。在基于nOADM和5G应用边缘计算的光城域接入网场景中,我们对NFV和网络切片进行了数值研究。我们在OMNeT++中开发了一个基于真实运营商城域网拓扑结构的网络模型,以基于延迟和数据包丢失率研究网络的性能,这些性能参数被作为城域边缘节点位置及计算和网络资源维度的函数。我们在模型中考虑了NFV和网络切片来模拟未来网络运行。我们通过将5G网络流量分类为mIoT、CDN和Mission critical流量,来研究模型中切片层的网络性能,还研究了3种流量类型的移动前传网络的延迟和数据包丢失率。此外,我们还研究了城域网的优化部署,通过比较不同边缘计算节点的数量和每个节点的服务器数量来评估网络性能。结果表明,当边缘计算节点的数量大于或等于6时,在网络负载高达0.5时,本研究提出的时隙光城域网可以保证移动前传网络的延迟小于200 μs。此外,在网络性能对流量切片层的研究案例中,对于具有6个边缘计算节点的模拟网络,在网络负载为0.5时,本研究提出的时隙光城域网可以保证高优先级流量的延迟小于0.5 ms和10^{-5}的数据包丢失率。

本章的结构如下:4.1节介绍了基于nOADM的光网络的架构和系统操作;4.2节提出了用于5G应用和边缘计算的网络切片策略;4.3节提供了不同情况下模拟网络模型和网络配置的详细信息;4.4节报告并讨论了调查的主要结果;最后总结了本章的主要结论。

4.1　nOADM 节点网络的系统操作

基于 nOADM 节点的光城域接入节点如图 4-1 所示。每个节点均由一个基于低成本光子集成波长选择器/阻挡器的 nOADM 节点和一个光电接口，以及边缘计算功能组成。如图 4-1 中的紫色线所示，光城域接入网络以时隙方式运行，并在监控通道的控制下工作。监控通道通过携带各时隙数据通道的目的地信息，对节点进行快速控制，每个 nOADM 节点提取和处理监控通道。光电接口中的控制模块用于处理目的地信息，并控制快速可重构分插复用器来决定最终应丢弃哪些波长信道，从而决定向哪些波长添加接入数据流量，即 nOADM 节点支持丢弃和持续功能。与基于波长的交换方式不同(为了解决节点目的地问题，每个节点目的地都有一个专用的通信波长)，我们使用监控管道信息中携带的标签来解决节点目的地问题。这样可以避免将每个波长绑定到特定节点，从而实现对波长的高效统计(重新)利用。波长资源可以用于增加网络容量和解决数据包冲突。

彩图 4-1

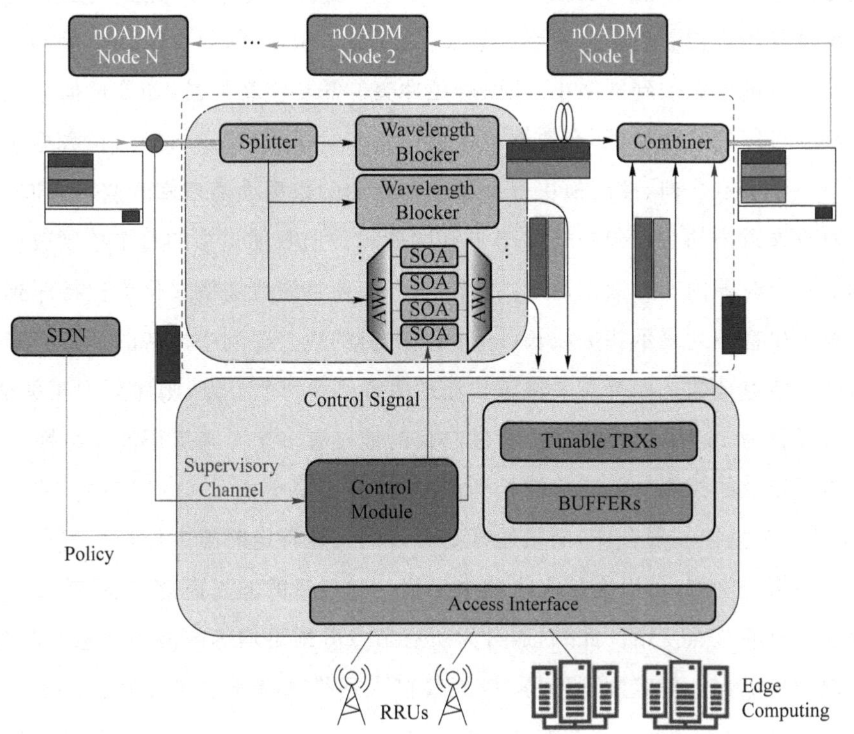

图 4-1　nOADM 节点网络示意图

nOADM 节点采用 SOA 实现插拔波长阻挡器(WBL),提供纳秒级光切换和光放大,避免了使用高成本的掺铒光纤放大器(EDFA)。nOADM 节点内部的 SOA 门可以快速开关(几纳秒),并根据节点的通信需求快速动态地建立光连接,以传递或阻止每个单一波长,从而实现快速的插拔重新配置和光数据平面波长资源的多路统计复用。此外,当没有流量时,波长连接可以被快速拆除,避免了波长资源的浪费。与传统的基于波长选择开关(WSS)的电路切换光网络不同,nOADM 节点网络中的波长重新配置足够快速,可以响应几个数据包规模的动态流量,实现了波长的高效利用。在未来网络系统中,因为波长是网络容量的最终限制因素,而互联网流量是不断增加的,所以高效的波长利用是非常必要的。此外,nOADM 节点可以进行光子集成,以实现低成本和低功耗操作[154]。

如图 4-2(a)所示,光电接口由接入接口、网络接口和控制模块组成。接入接口负责汇总传入流量(5G RRU、边缘计算、PON)。传入流量由接入接口的目标分析器进行分析,将具有相同目标和应用的数据包汇总在网络接口的缓冲单元,以在波长通道时隙可用时进行传输。接口中可用的波长通道由每个时隙中的监督通道中的信息确定。可调谐发射机被用来在任何可用波长上传输,以充分利用波长资源进行统计复用。控制模块监视空闲波长,启用波长阻塞器,并设置快速可调谐发射机将光学数据包添加到网络中,从而避免冲突。需要注意的是,如果任何可能的波长上没有可用的时间槽,那么数据包将被保留在电子缓冲区。最后,在数据包被发送到下一个节点之前,控制模块根据删除和添加的数据通道来修改监督通道。

监督通道中的数据包格式如图 4-2(b)所示。监督通道中的每个控制数据包负责标记一个时隙内所有数据通道的目的地。节点目的地被格式化为比特序列的数组。每个比特序列表示相关波长(lambda)的目的地。序列中比特的计数等于环形网络中的节点计数。如果需要将波长通道丢弃到第 i 个节点,则序列中相关的第 i 个比特设置为 1,否则设置为 0。通过向目的地设置多个 1 来启用波长组播。

监督通道的控制功能支持波长利用率优化、带宽分配和 QoS 保护。监督通道与 SDN 等中央控制器合作,网络运营商可以通过在特定时隙中设计标签信息来灵活配置网络。例如,可以在特定时隙中保留一定数量的波长通道,以供某些具有更高流量需求的节点使用。此外,通过为所有节点分配更均等的波长通道和时隙,可以实现公平操作。确定性延迟是 5G 无线接入网络和基于边缘计算的 vBBU 的关键要求,其中对于延迟抖动的控制尤为重要,需要小于 130 ns 的延迟抖动。通过充分利用监督通道的控制功能来预留所需的时隙,网络可以实现低延迟抖动。通过时隙的预留,可以将延迟抖动控制在某个值以下(时隙持续时间除以每个时隙中的数据包单元数)。例如,nOADM 节点网络可以在每个包含 20 个数据包单元的2 μs时隙中,实现低于 100 ns 的延迟抖动性能。

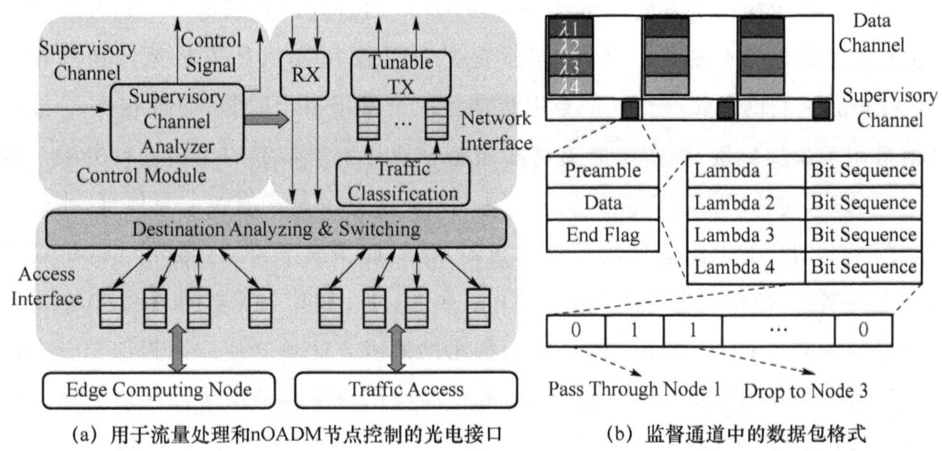

(a) 用于流量处理和nOADM节点控制的光电接口　　(b) 监督通道中的数据包格式

图 4-2 光电接口结构和数据包格式

4.2 具有网络切片和边缘计算的 nOADM 系统的运行

为了尽可能真实地研究基于 nOADM 的光网络的性能,本研究考虑了未来的网络操作,如 NFV、网络切片和边缘计算。本节介绍了在 nOADM 边缘计算网络中使用的网络切片和调度方法,以满足未来应用程序,如基于 NFV 的 mIoT、CDN 和 Mission critical。

4.2.1 网络切片策略

在本研究中,我们考虑了 5G 流量的 3 个主要切片——大规模物联网(mIoT)、内容分发网络(CDN)和 Mission critical,以研究网络性能。对于每个网络切片,我们都灵活分配了专用资源(计算能力和波长通道)。根据流量特性[155-156],大规模物联网服务由无特殊延迟的固定测量传感器组成。Mission critical(如远程控制机器人和自动驾驶汽车)需要极低的丢包率和端到端延迟;而移动宽带服务,如 CDN,需要高带宽但它对延迟不太敏感。我们通过利用调度方法,根据之前提到的每种流量类型的特性模拟了它们的带宽资源切片。除带宽资源切片之外,部署在边缘和集中 DC 的计算资源也根据不同的时延要求分配到了不同的切片上。

图 4-3 显示的调度方法受到参考文献[157]的启发。它依据每个切片在流量上的比例来分配波长资源。例如,假设有 3 个网络切片,其所需带宽分别为 $M1$、$M2$ 和 $M3$,它们已被聚合到 3 个专用缓冲区中。对于每个时隙,如果有 N 个波长通道可用于添加流量,则空闲通道将按照每个切片所需带宽的比例进行分配。需要注意的是,切片的带宽资源分配也与它们对可靠性的要求有关。具体地,当计算得到的一个切片的空闲通道数不是整数时,我们使用向下舍入函数给 mIoT 切片分配空闲通道,使用向上舍入函数给 Mission critical 切片分配空闲通道,其余的空闲通道都分配给 CDN 流量。本研究所提出的调度方法将会使应用程序充分利用可用带宽。如果发生流量不平衡情况,流行的应用程序将根据缓冲区填充比例获取其他应用程序的冗余带宽。

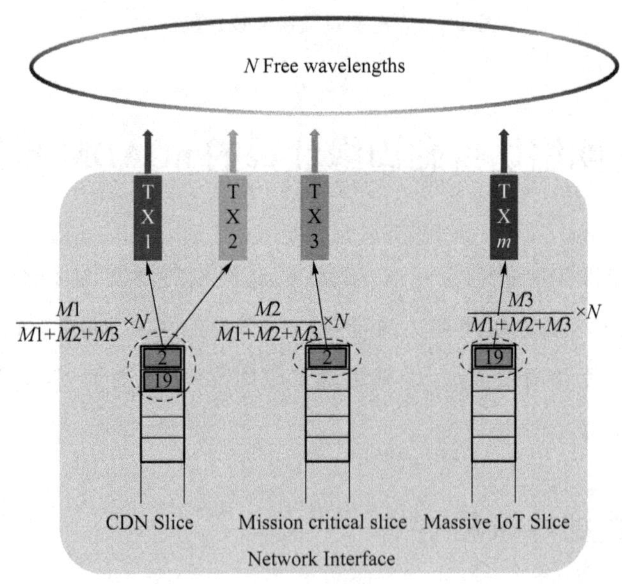

图 4-3 网络切片的电气接口调度方法

为了优化网络性能及计算资源的使用效率,我们将不同的网络功能分配给边缘计算和集中式 DC[158-159]。这样,虚拟化的无线接入网络(RAN)功能可以在边缘计算节点上工作,而虚拟化的移动网络网关功能可以在集中式 DC 上工作。位于边缘计算节点和集中式 DC 中的 VNF 之间的连接应由统一的控制平面来提供。对于 5G 流量的 3 个主要切片,无线接入网络功能都是在分布单元(DU)中虚拟化的,这些功能部署在边缘计算节点上。网络网关功能在位于集中式 DC 或边缘计算节点上的中央单元(CU)中虚拟化,并根据不同切片的不同延迟需求进行部署。图 4-4 展示了本研究中使用的网络切片和流量路由策略。mIoT 切片为延迟容忍网络,因此,该切片的 VNF 可以部署在集中式 DC 中。Mission critical 切片的 VNF 和相关计算资源应该安装在边缘计算节点中,以最小化网络延迟。大多数流行的 CDN(在本书中定义为 CDN-1)应该存储在边缘计算节点中,以减少上层流量,而其他不那么流行的 CDN(在本书中定义为 CDN-2)可以存储在集中式 DC 中,以降低边缘网络的成本。需要注意的是,因为虚拟基带功能部署在边缘计算节点,所以所有类型的流量首先都需要先经过边缘计算。如图 4-4 所示,迄今为止的研究已经根据不同的要求为不同服务创建了专用的切片。VNF 根据服务本身,在每个切片的不同位置(即边缘计算节点或集中式 DC)进行部署。通过这种操作,网络运营商可能可以以最具成本效益和灵活性的方式,根据不同服务的喜好定制网络切片。

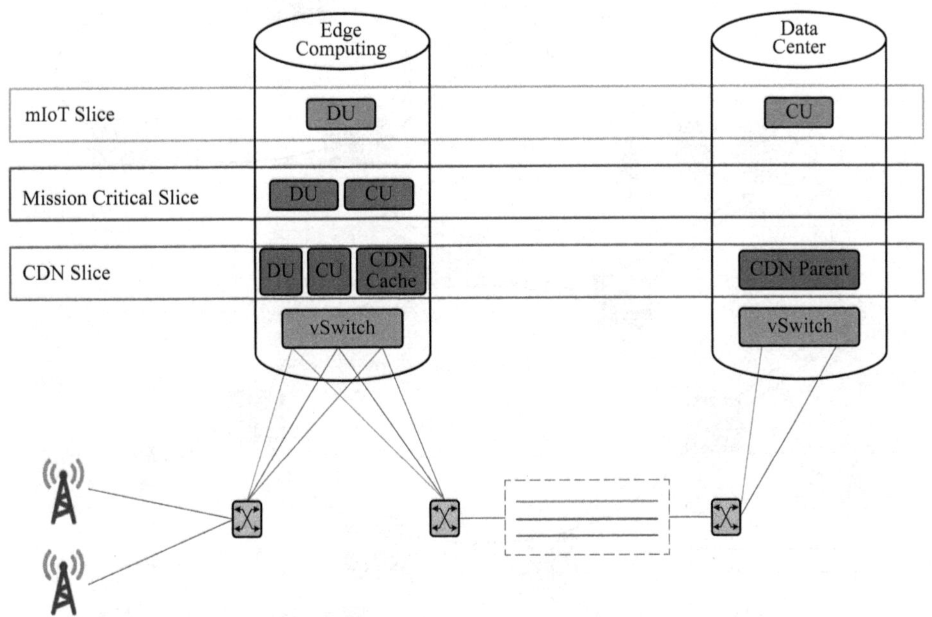

图 4-4 网络切片和流量路由策略

4.2.2 有/没有边缘计算的节点的流量流向

光电接口中的接入接口负责聚合和整理传入的流量。本节考虑了两种接入接口，如图 4-5 所示，一种是连接了天线和边缘计算的节点，另一种是仅连接了天线的节点。在本章的其余部分，我们使用边缘节点表示具有边缘计算的城域接入节点，使用普通节点表示没有边缘计算的城域接入节点。对于普通节点，接入接口只根据其类型聚合和转发流量；而对于边缘节点，接入接口应该在计算节点、天线接入和城域网络之间提供交换功能。计算节点充当小规模数据中心，由服务器和顶部机架（TOR）交换机组成。服务器被组织在机架中，并与 TOR 交换机的下行接口连接。TOR 交换机通过其上行端口与接入接口连接，用于在天线接入、城域网络和服务器之间交换流量。

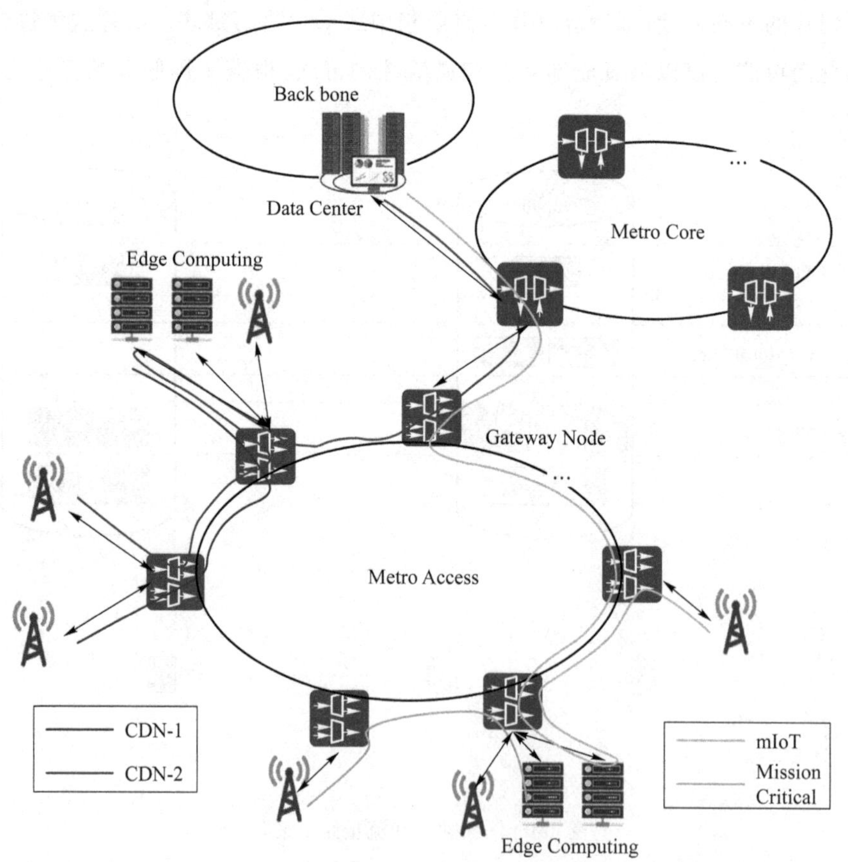

图 4-5 不同流量类型的网络切片

生成的流量将根据其目标信息进行路由，该信息与流量流动相关，并包括节点目的地和服务器目的地，指示哪个边缘节点内的哪个服务器将处理该流量。对于 mIoT 和 CDN-2 的流量，节点目的地是最近的边缘节点的索引，并且在边缘节点处理后，节点目的地将被修改为网关节点的索引。在网络接口处，具有相同节点目的地和要求的流量被聚合到相应的缓冲区中。每个时间槽中的可用波长通道由 4.2.1节中提到的调度方法分配给缓冲区。图 4-5 中显示了流量流动过程。对于普通节点，首先，传入流量根据其流量类型进行分类；然后，将其聚合到不同的缓冲区；最后，缓冲区中的流量将被转发到城域网络，以获取最近的边缘节点进行数据处理和网络功能处理。对于边缘节点，来自普通节点和天线接入的传入流量首先将被转发到附加的 TOR 和服务器进行第一阶段处理。然后，服务器的扇出流量将被发送回 TOR，进一步再次被发送到边缘节点。在边缘节点，Mission critical 的回传流量和 CDN-1 将发送回流量源，该源可以是当前边缘节点或最近的普通节点的天线接入。mIoT 和 CDN-2 被聚合到网络接口，并将被转发到集中式 DC。集中式 DC 在通过网络网关节点接收到光城域接入网络的数据包时，将发送回一个数据包，该网关节点负责在集中式 DC 和所有流量源之间分配/聚合流量。

4.3 仿真设置

OMNeT++网络仿真框架已经被用于研究基于 nOADM 的城域接入网络与边缘计算节点的性能。本研究提出的网络模型基于一个拥有 100 万人口的城市的真实运营商城域网。在这项研究中，我们专注于城域网接入部分。城域网接入与中心化数据中心所在的核心部分之间的连接被模拟为额外的固定延迟。在这个网络中，有 19 个集群，每个集群都有 20 个节点，它们以环形拓扑结构连接。仿真模型和详细的流量流向如图 4-5 和 4-6 所示。这是一个环形城域接入网络，边缘节点和普通节点都可以被视为城域网接入节点。两个城域网接入节点之间的平均距离为 9 km。每个集群都有一个连接到城域核心区域的网关节点。城域核心区域包括 33 个节点，它们连接着 6 个一级节点，平均每个一级节点连接着 6 个城域核心节点。两个城域核心节点之间的平均距离为 13 km，而两个一级节点之间的平均距离为 40 km。假设每 3 个一级节点连接着一个中心化数据中心，城域核心区域的网关节点与中心化数据中心的节点之间的平均距离为 200 km，相当于大约 1 ms 的传输延迟。

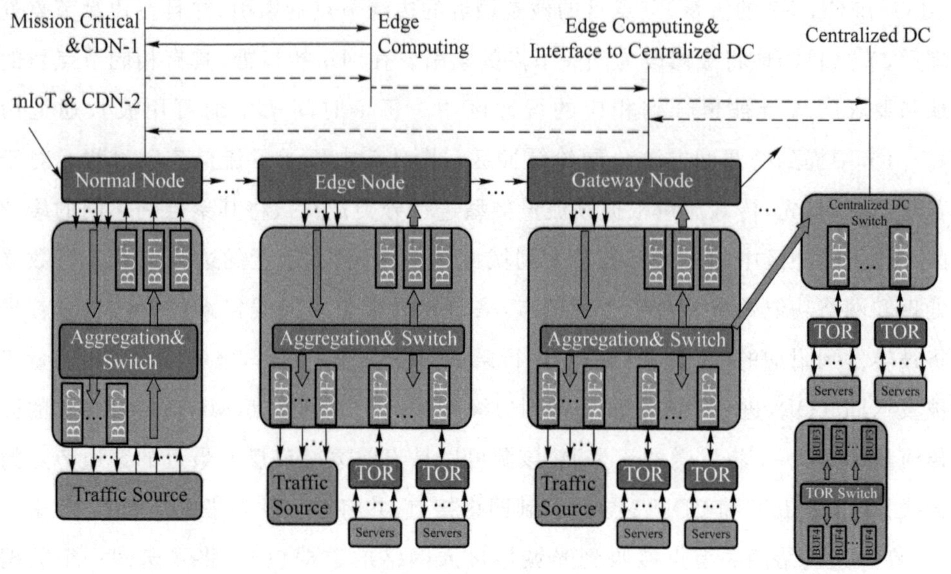

图 4-6　网络模型中每个功能节点的模块和每种流量类型的流量流向

4.3.1　流量模型

如表 4-1 所示，在覆盖的人口中，假设运营商拥有的订户比例为五分之一，其中 30%为移动用户。假设最多同时请求网络服务的人数为移动订户的十分之一。每个订户的峰值数据速率设置为对称的 1 Gbit/s。我们所研究的网络的总估计峰值流量约为移动接入的 160 Tbit/s，且共有 380 个城域网接入节点。因此，每个城域网接入节点的峰值接入流量约为 400 Gbit/s。在仿真中，每个城域网接入节点最多可以生成 400 Gbit/s 的流量，其中包括均匀分布的 3 种流量。每个节点生成 CDN、mIoT 和 Mission critical 的概率分别为 70%、20%和 10%。每个数据包的节点目的地生成遵循 4.3.2 节中提到的流量流向策略。Mission critical 和 50%的 CDN 流量(CDN-1)只需到达最近的边缘节点[160]。mIoT 和另外 50%的 CDN 流量(CDN-2)需要首先到达最近的边缘节点，然后才能到达中心化数据中心。请注意，在仿真中，NFV 处理是通过使流量经过边缘节点或中心化数据中心中的服务器来模拟的。边缘节点和中心化数据中心中的服务器的目的地均匀生成。表 4-2

列出了数据包目的地的详细信息。

表 4-1 流量模型参数

人口	2 500 万人
订阅者	20%
过载比	10%
移动用户比例	30%
峰值数据速率	1 Gbit/s symmetric
峰值流量	160 Tbit/s
每个节点的峰值流量	400 Gbit/s

表 4-2 数据包目的地的详细信息

节点类型	流量类型	边缘计算的服务器目的地	边缘计算的节点目的地	集中式数据中心的服务器目的地
边缘节点	mIoT	Uniform(1,服务器数量)	当前节点	Uniform(1,服务器数量)
	CDN	Uniform(1,服务器数量)	当前节点	Uniform(1,服务器数量)
	Mission critical	Uniform(1,服务器数量)	当前节点	/
正常节点	mIoT	Uniform(1,服务器数量)	最近的边缘节点	Uniform(1,服务器数量)
	CDN	Uniform(1,服务器数量)	最近的边缘节点	Uniform(1,服务器数量)
	Mission critical	Uniform(1,服务器数量)	最近的边缘节点	/

4.3.2 基于监控通道的循环避免机制

基于时隙的光网络在添加和删除流量方面具有完全的灵活性,但存在数据包在环形网络中循环的问题,严重影响了网络性能。如果某个时隙中发送到相同目的地的数据包数量超过目的地节点的接收器数量,那么多余的数据包就无法被丢弃和检测,而必须在环形网络中循环,直到有可能被接收为止。这是因为每个nOADM 节点都可以在每个时隙中添加许多数据包,以充分利用空闲的波长资源。因此,同一时隙中不同波长的多个数据包可能具有相同的目的地节点。然后,当一个时隙中有太多具有相同目的地节点的数据包但该目的地节点上的可用接收器很少时,数据包必须重新循环。因为循环的数据包将始终留在环形网络中,从而占用了额外的资源,所以数据包的循环严重影响了网络性能。解决方案是删除无法被目的地节点接收的额外数据包以避免循环。然而,在目的地端删除光数据包会导致信息意外丢失(需要重新传输),同时不必要地占用时间槽而没有有效地传递数据。因此,为了解决这个问题,在网络模型中使用了基于监控通道的新型循环避免机制。

通过分析每个时隙的控制数据包,节点知道了当前时隙中每个目的地节点的总数据包数。然后,节点可以计算和决定当前哪个目的地节点能够接收数据包,如图 4-7 所示。例如,当某个时隙中发送到节点 2 的数据包数量等于节点 2 的接收器数量时,节点将在本地查找表(LUT)中标记"NO"标签给节点 2。因为在这个时隙中节点 2 没有更多的接收容量,所以发送到节点 2 的所有数据包都不会被传输。因此,在网络中的所有已经到达该时隙并且目的地是节点 2 的数据包都可以被节点接收,而不会使多余的数据包进入循环。

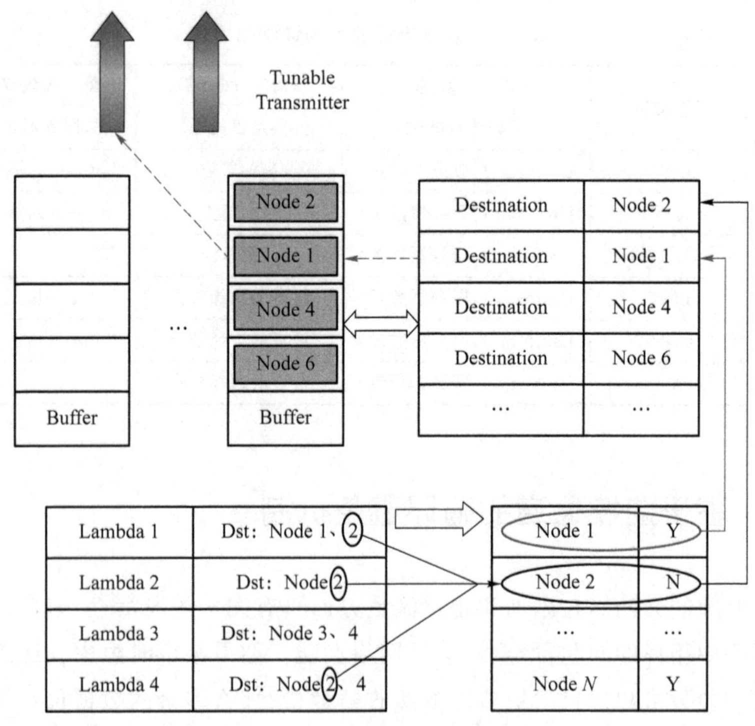

图 4-7 循环避免机制示意图

4.3.3 网络配置

在 4.4.1 节、4.4.2 节、4.4.3 节和 4.4.4 节的仿真案例中,城域接入节点聚合并生成时隙持续时间为 2 μs 的光数据包。监控信道的处理时间为 400 ns,其中包括 100 ns 的监控信道处理时间、180 ns 的可调激光调谐时间[161]、20 ns 的 SOA 切换时间和 100 ns 的时隙对齐保护时间。由于两个城域接入节点之间存在 9 km 的跨度，因此，两个城域接入节点之间的传输延迟为 45 μs。由于光纤长度为 200 km，因此，光城域接入网关节点和集中式 DC 之间的时间偏移设置为 1 ms。

对于边缘计算节点和集中式 DC，每个服务器都配备有一个 10 Gbit/s 的网络接口。TOR 交换机配备有几个 10 Gbit/s 和 40 Gbit/s 的网络接口，用于连接下行服务器和上行城域接入节点。每个 TOR 交换机最多可以连接 40 个服务器。TOR 交换机的过载比设置为 1，这意味着其上行带宽等于连接到它的 40 个服务器的总聚合带宽。图 4-8 说明了仿真框架中使用的流量整理策略。使用流量源模拟天线源，它有 10 个 40 Gbit/s 的 TRX 连接到接入接口。在每个 1 μs 的时间段内，流量源以均匀分布的概率生成流量块。生成的流量块将被转发到接入接口，其中，每个流量块被分成 4 个小单元，每个单元大小为 1.25 KB。具有相同应用程序和节点目的地的 10 个小单元将被聚合到一个缓冲区（图 4-6 中的 BUF1）单元中，

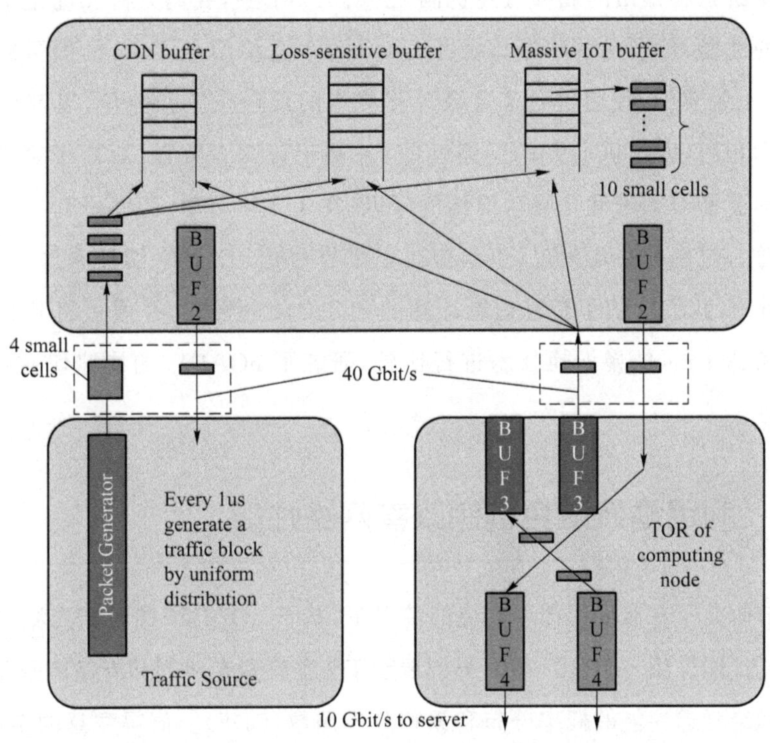

图 4-8 接入接口中的流量整理策略

并进一步传输到光网络。发送到边缘服务器的小单元将被转发到(图 4-6 中的BUF2)和 TOR 交换机。TOR 交换机通过多个 40 Gbit/s 的 TRX 与接入接口连接,以实现小单元与接入接口的发送/接收,而无需进行(解)聚合。从城域网络传来的光包将被分成 10 个小单元,然后被转发到与目的地接口相连的缓冲区(图 4-6 中的 BUF2)。

4.4 评估结果和讨论

在本节中,我们对城域网络的设计和性能进行了数值调查和分析,考虑了边缘计算节点的最佳位置,以及在 NFV 和网络切片下的计算资源维度和利用,以满足 3 种不同类型的 5G 应用的严格的延迟和丢包率要求。在 4.4.1 节中,我们调查了本研究所提出的循环避免机制;在 4.4.2 节中,我们分析和优化了城域接入网络的性能,特别是网络接口缓冲区的大小和边缘节点 TOR 内部缓冲区的功能;在 4.4.3 节中,我们研究了边缘计算节点的最佳位置和数量,以及计算资源的维度和利用,以提供所需的网络性能,并基于订阅者数量、所需带宽和在 4.3 节讨论的流量模式来优化移动前传的延迟;在 4.4.4 节中,我们研究了每个网络切片的总丢包率和平均延迟,以调查在 4.2 节中提出的网络切片和调度方法;在 4.4.5 节中,我们评估了带有边缘计算的 nOADM 的性能,并通过将其与重新配置时间长达 1 ms 的慢切换技术进行比较,研究了 nOADM 的快速切换(400 ns)的有效性。

4.4.1 利用循环避免机制改善网络性能

本节研究了在有或无循环避免的情况下,基于 nOADM 的时隙光城域接入网络的延迟性能。图 4-9 和图 4-10 分别展示了无循环避免机制和有循环避免机制情况下的网络延迟性能的概率分布和累积分布函数(CDF)。值得注意的是,在这个仿真中,由于循环避免机制只涉及环形网络,故不包括边缘计算和集中式 DC。网络接口内部缓冲区的大小(如图 4-7 中的 BUF1)设置为 30 个单元(一个单元代表一个光包)，可用通道数设置为 30 个波长通道，并且只生成均匀分布的流量。图 4-9(a)和图 4-9(b)显示了在流量负载为 0.9 时，没有循环避免机制情况下的网络延迟性能的概率分布和 CDF。结果显示，大多数数据包可以在 2 000 μs 内传送完成，而一些数据包会在环形网络中循环约 15 000 μs。图 4-10(a)和图 4-10(b)显示了在负载为 0.9 时，有循环避免机制情况下的网络延迟性能的概率分布和 CDF。最高数据包延迟低于 2 000 μs，证明了本研究所提出的机制在高网络负载下表现良好。网络延迟性能的概率分布中的峰值来自传输距离。值得注意的是，在后续的所有研究中都利用了循环避免机制。

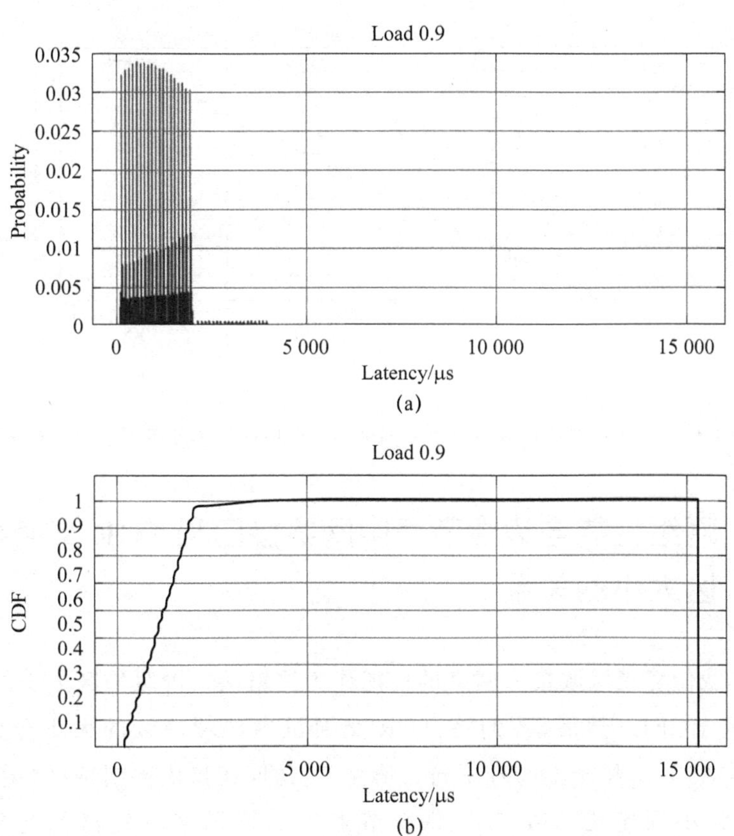

图 4-9　无循环避免机制情况下的网络延迟性能的概率分布和累积分布函数

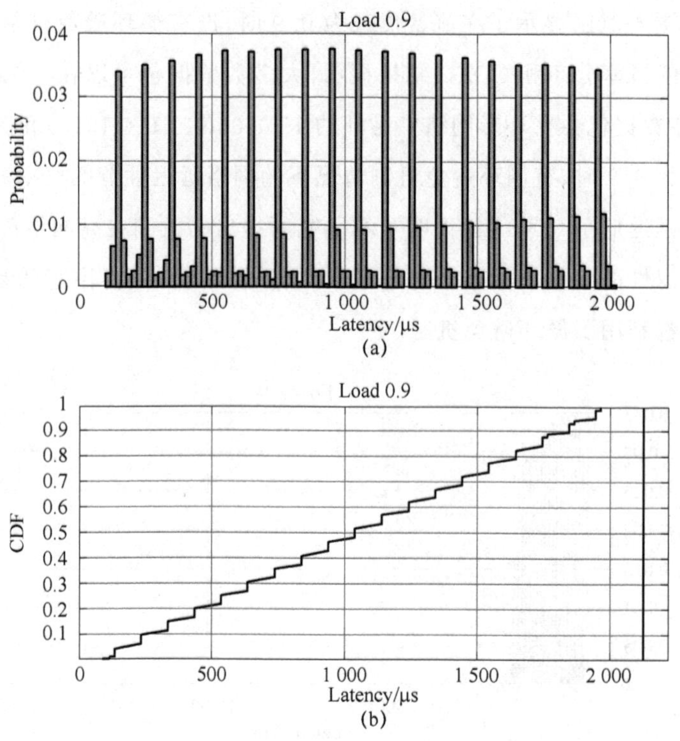

(a)

(b)

图 4-10 有循环避免机制情况下的网络延迟性能的概率分布和累积分布函数

4.4.2 网络性能与边缘节点中网络接口和 TOR 交换机缓冲区大小的关系

首先，我们将光城域接入网络的性能作为网络接口内缓冲区大小的函数，即图 4-7中的 BUF1。然后，我们将 TOR 交换机内部缓冲区的大小分别设置为 500 KB和 125 KB，用于上行和下行。请注意，访问接口内部缓冲区（图 4-7 中的 BUF2）的大小固定为 250 KB。每个节点中的可调谐收发器的运行速率为 100 Gbit/s，可以覆盖 C 波段的 80 个 WDM 信道。最后，总共有 160 个服务器可供研究的光城域接入网络使用。选择 160 个服务器是为了在计算资源和访问流量之间实现约为 0.4 的过载比。因为考虑的资源和容量大于网关节点的吞吐量，所以中央 DC 不会丢失数据包。因此，在本研究中不考虑来自中央 DC 的丢包。连接到光城域接入网络中的边缘节点的数量为 6 个，每个节点包含 80 个服务器。每个普通节点有 4 个 TRX_s，每个边缘节点有 10 个 TRX_s。

图 4-11(a)和图 4-11(b)显示了 3 种不同类型流量的平均数据包丢失率和平均延迟与网络接口缓冲区大小的关系。请注意，图例中提到的缓冲区大小是图 4-7 中 BUF1 的大小。mIoT 和 CDN-2 流量需要由中央 DC 处理。因此，这两种流量被视为一种类型，并且它们的平均性能显示在图 4-11(a)中。Mission critical 和 CDN-1 流量只需要留在城域接入环形网络中，因此，它们被归类为另一种流量类型，并且其平均性能显示在图 4-11(b)中。结果表明，在网络负载为 0.4 时，随着缓冲区大小的增加，因为网络接口内部的缓冲区会用来暂存等待传输的数据包，包括

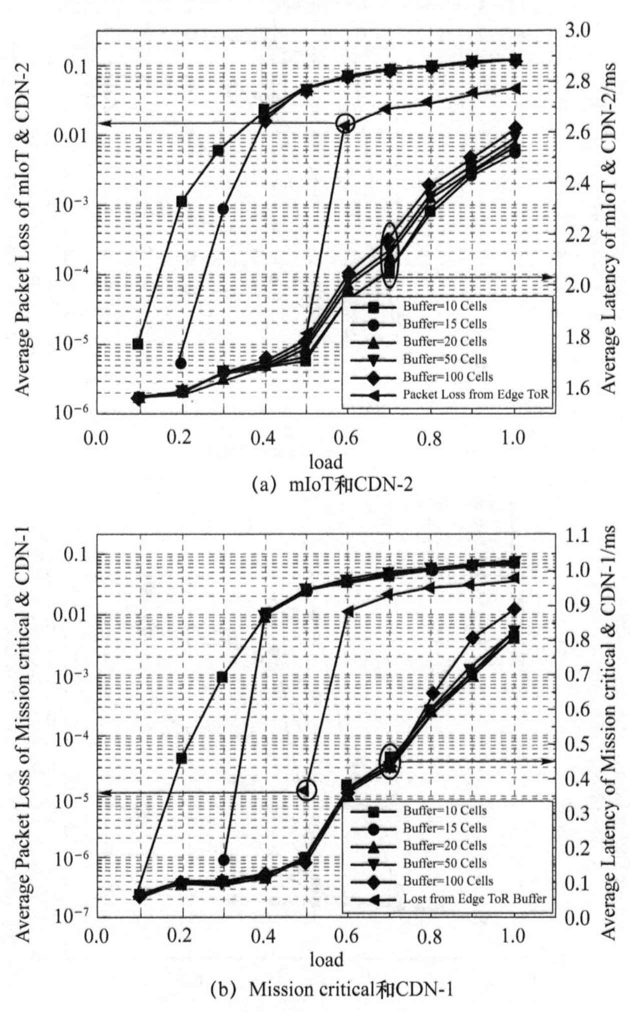

图 4-11 3 种不同类型流量的网络性能与网络接口缓冲区大小的关系

所有新生成的流量和来自边缘计算节点的 mIoT 和 CDN-2 的处理流量，所以总数据包丢失率和平均延迟得到改善。故当网络负载很高时，由于双重访问流量，网络接口内部的缓冲区很快就会变满。因此，在网络负载较高时，网络接口内部缓冲区的大小并不是提高网络性能的关键因素。

3 种不同类型流量的平均数据包丢失率和平均延时与边缘节点 TOR 交换机缓冲区大小的关系显示在图 4-12(a)和图 4-12(b)中。在这种情况下，我们将 BUF1

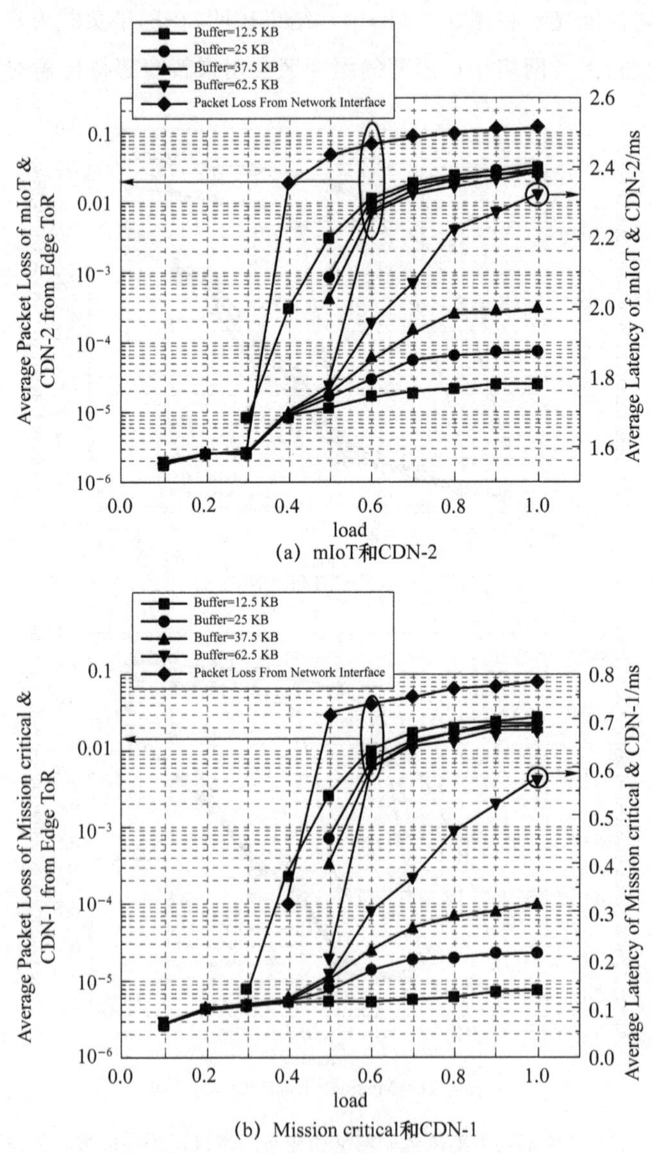

(a) mIoT和CDN-2

(b) Mission critical和CDN-1

图 4-12　3 种不同类型流量的网络性能与边缘节点 TOR 交换机缓冲区大小的关系

设置为 50 个单元，并将其他参数保持与图 4-11 相同，以研究 TOR 交换机缓冲区大小对系统性能的影响。请注意，图例中提到的缓冲区大小是图 4-7 中 BUF4 的大小，并且对于每种情况，BUF3 的大小均为 BUF4 的 4 倍。结果显示，随着 TOR 缓冲区大小的增加，网络性能在网络负载为 0.6 时得到改善。然而，在更高的网络负载下，因为每个边缘节点的访问流量在网络完全加载时约为1.4 Tbit/s（来自网络接口的 1 Tbit/s 和自身的 400 Gbit/s），而每个边缘节点固定提供800 Gbit/s的网络吞吐量，所以数据包丢失性能不再进一步改善。因此，在较高的网络负载下，增大 TOR 缓冲区无法提高网络性能。

4.4.3 不同服务器数量和边缘节点数量的网络性能分析

首先，我们对每个边缘节点中的服务器数量进行了网络性能研究。基于先前的分析，我们将 BUF1 的大小设置为 50 个单元，BUF4 的大小设置为62.5 KB。在光城域接入网络中设置了 6 个边缘节点，其他参数与前一节中使用的参数相同。图 4-13(a)显示了边缘节点的 TOR 交换机的平均数据包丢失率。结果表明，增加服务器数量，边缘节点的 TOR 数据包平均丢失率显著改善。实际上，更多的服务器导致边缘节点的传入流量处理能力更高，因此，缓冲区中排队的数据包更少。在图 4-13(b)和图 4-13(c)中，随着服务器数量的增加，网络接口的平均数据包丢失率增加，这是由于网络接口缓冲区中的聚合流量更高，因此，更多的流量将进一步转发到环形网络中，故增加边缘节点的服务器数量会在网络中产生更多的流量，对于边缘节点和普通节点，缓冲区变得更加占用，网络变得更加拥塞。3 种类型流量的平均延迟与服务器数量分别显示在图 4-13(d)和图 4-14 中。在 20 个服务器的情况下，当网络负载高于 0.2 时，TOR 的缓冲区会很快被填满；当网络负载达到 0.6 时，网络接口的缓冲区也会被填满。因此，延迟曲线在网络负载为 0.2 和 0.6 时出现双重上升。在服务器数量更多的情况下，随着网络负载的增加，延迟也会增加。当服务器数量超过 80 台时，Mission critical 和 CDN-1 的延迟低于 400 μs。

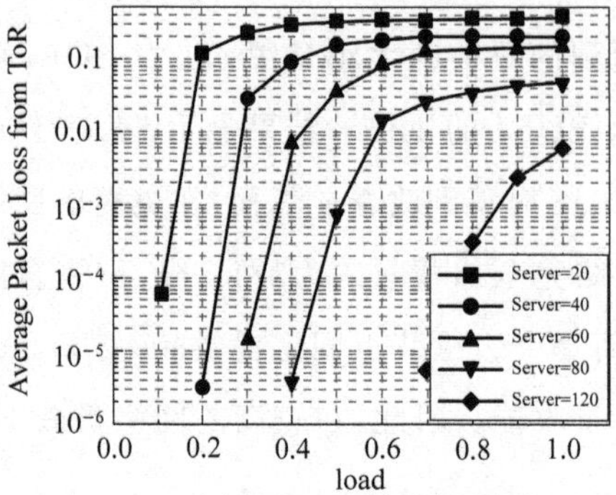

(a) Edge ToR的平均丢包率

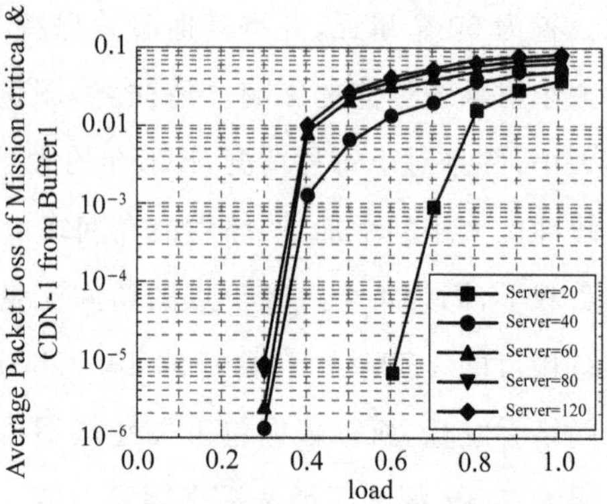

(b) 网络接口Mission critical和CDN-1的平均丢包率

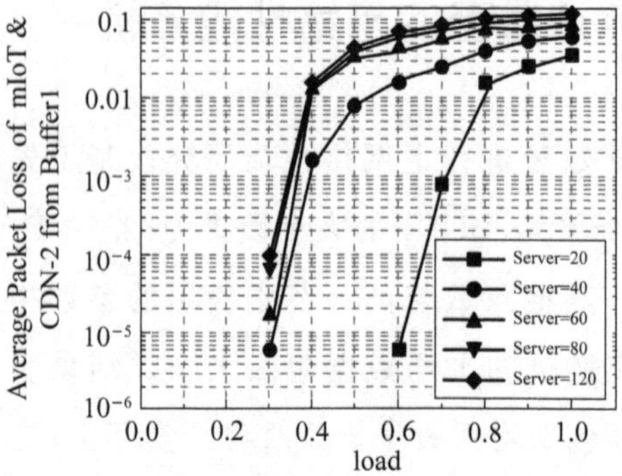

(c) 网络接口mIoT和CDN-2的平均丢包率

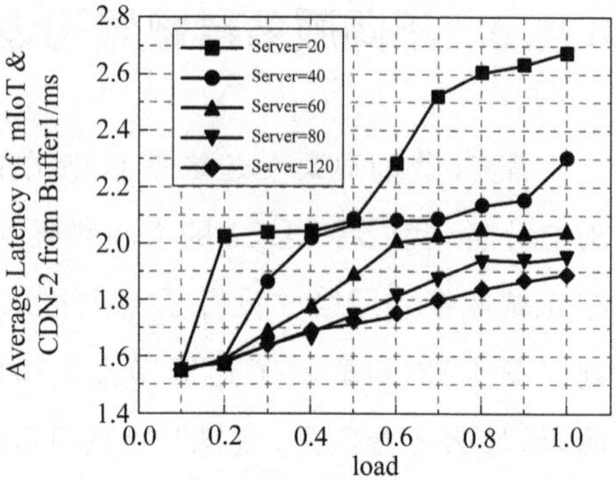

(d) mIoT和CDN-2的平均延迟与服务器数量的关系

图 4-13　网络性能分析

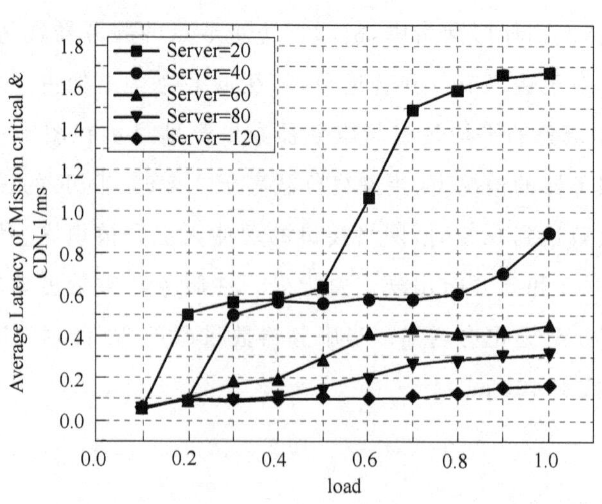

图 4-14　Mission critical 和 CDN-1 的平均延迟与服务器数量的关系

我们还研究了将不同流量类型的网络性能作为可变边缘节点计数的函数。在本研究中每个边缘节点有 80 个服务器，BUF1 的大小设置为 50 个单元，BUF4 的大小设置为 62.5 KB。我们研究了 5 种情况下的网络性能，其中，边缘节点数分别被设置为 2、4、6、10 和 20。节点位置的详细信息如表 4-3 所示。

表 4-3　本研究中正常节点和边缘节点的分布及参数

边缘节点数量	边缘节点位置	边缘节点的TX 数量	正常节点的TX 数量	每个边缘节点服务器数量
2	节点 1 和节点 20	10	4	80
4	节点 1、6、11、16	10	4	80
6	节点 1、4、7、11、14、17	10	4	80
10	每两个节点	10	4	80
20	每个节点	10	4	80

图 4-15(a)显示了 mIoT 和 CDN-2 的平均丢包率和延迟与边缘节点数量的关系。结果表明，增加边缘节点数量可以显著提高网络性能。因为这些流量必须由集中式 DC 处理，所以延迟曲线有大约 1 ms 的偏移。对于边缘节点数高于 10 的情况，由于传输链路对总延迟贡献最大，故延迟并没有太大改善。图 4-15(b)显示了 Mission critical 和 CDN-1 的平均丢包率和延迟与边缘节点数量的关系。网络性能随着边缘节点数量的增加而提高。由于此类流量仅停留在光城域接入网内部，因此，边缘节点越多意味着边缘节点与普通节点之间的传输距离越短。故随着边缘节点数量的增加，网络延迟显著改善。由于此类流量只需要得到边缘计算，因此，延迟可以视为前传延迟。当网络负载小于 0.6 时，可以通过采用 6 个以上的边缘节点来满足前传延迟小于 200 μs 的严格要求。

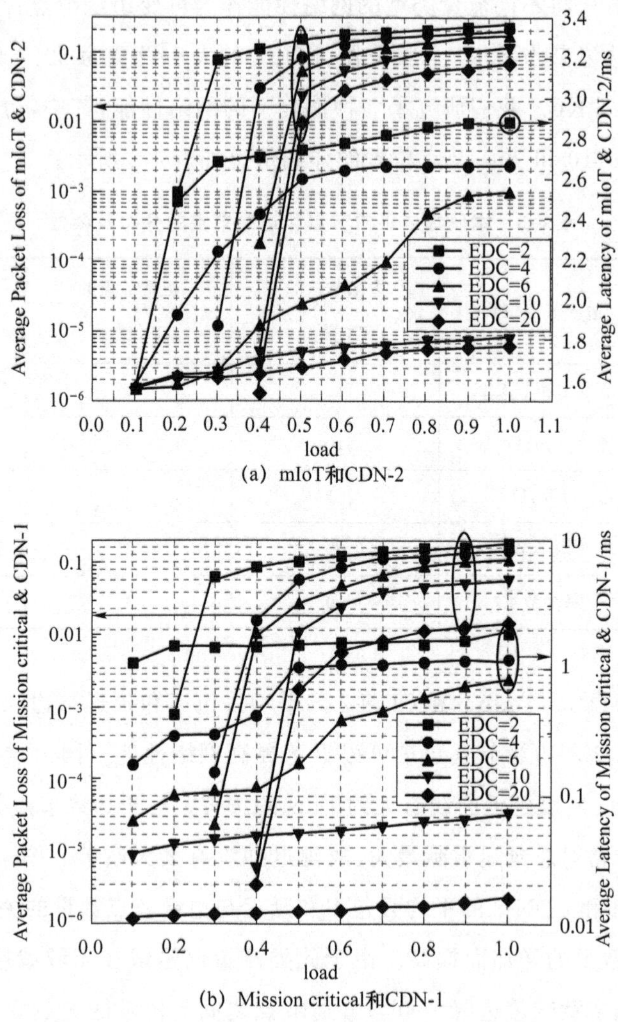

(a) mIoT和CDN-2

(b) Mission critical和CDN-1

图 4-15　3 种不同类型流量的网络性能与边缘节点数量的关系

4.4.4 网络切片策略和调度方法的性能分析

本研究调查了 4.2.1 节提出的网络切片策略和调度方法的有效性，以为每个应用提供所需的丢包率和平均延迟。在本研究中，我们将边缘节点的数量设置为 6，每个边缘节点有 80 个服务器，将 BUF1 和 BUF4 的大小分别设置为 50 个单元和 62.5 KB，将由可调谐收发器提供的总可用信道数设置为 80。图 4-16 显示了使用上述网络设置的每种流量的平均延迟和丢包率。结果表明，像 mIoT 这样的延迟不敏感的流量可以保证约 2.5 ms 的延迟，而 Mission critical 流量可以获得小于 1 ms 的网络延迟。此外，与 mIoT 流量相比，Mission critical 流量在丢包方面的表现更好。第一个原因是，Mission critical 流量仅停留在光城域接入网络内，而 mIoT 流量需要通过集中式数据中心进行处理。因此，mIoT 流量需要经历两次缓冲，而 Mission critical 流量只需要经历一次。第二个原因是，网络接口中的调度程序在网络拥塞时，优先为 Mission critical 流量提供服务。mIoT 流量和 Mission critical 流量的性能差异证明了网络切片策略和调度方法能够很好地实现高优先级流量的低丢包率（在 0.5 负载下，丢包率低于10^{-5}）和延迟（<0.5 ms）。

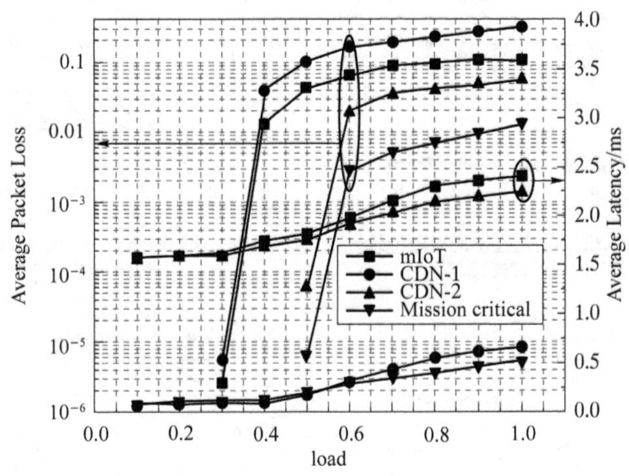

图 4-16　不同类型流量的网络性能

4.4.5　不同时隙和切换时间的网络性能分析

为了研究和优化光数据包大小，以满足 5G 系统的延迟要求，我们评估了具有边缘计算的 nOADM 在不同时隙大小（1 μs、100 μs 和 1 ms）下的性能。此外，由于 5G 的异构接入流量需要动态光交换城域接入网络，因此，将 nOADM（400 ns）的快速切换技术与在动态网络环境下最多 1 ms 重新配置时间的慢速切换技术进行了基准测试。图 4-17(a) 显示了在不同时隙持续时间下，Mission critical 流量的延迟情况。在数值分析中，对于 1 ms 的时隙持续时间，我们将电接口的缓冲区大小和 TOR 交换机的缓冲区大小分别设置为 10 000 个单元和 500 KB。相较于在1 ms的时隙持续时间下，在 100 μs 的时隙持续时间下的缓冲区大小减小了许多。只有当缓冲区累积了足够的单元，形成了一个光数据包时，网络接口才能通过光网络发送流量。对图 4-17(a)进行分析可知，1 ms 的时隙持续时间引入了太多延迟，即使流量停留在光城域接入网络中，也无法满足一些极度延迟敏感的流量(<5 ms)。在 100 μs 的时隙持续时间下，可在 0.7 的流量负载下实现小于 5 ms 的延迟。

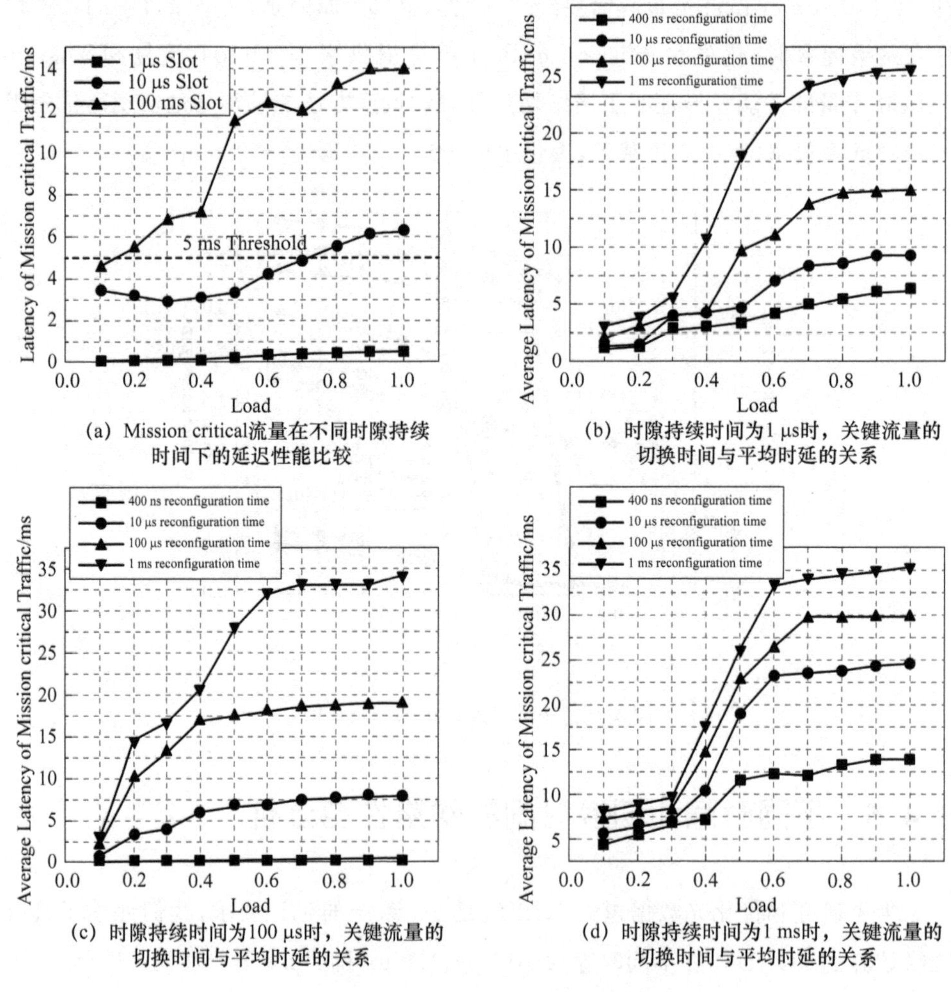

(a) Mission critical流量在不同时隙持续时间下的延迟性能比较

(b) 时隙持续时间为1 μs时，关键流量的切换时间与平均时延的关系

(c) 时隙持续时间为100 μs时，关键流量的切换时间与平均时延的关系

(d) 时隙持续时间为1 ms时，关键流量的切换时间与平均时延的关系

图 4-17　不同时隙和切换时间的网络性能

图 4-17(b)、图 4-17(c)和图 4-17(d)分别显示了时隙持续时间为 1 μs、100 μs 和 1 ms 时，关键流量的平均延迟。结果表明，随着切换时间从 400 ns 增加到 1 ms，网络延迟急剧上升，导致在 3 种不同的时隙持续时间下，小于 5 ms 延迟的关键流量的负载从 0.7 降至 0.1。因此，在 5G 系统中，慢速切换技术在高负载下带来的

高延迟是不可被接受的，这意味着 nOADM 的快速切换技术对实现 5G 要求至关重要。此外，对于短时隙持续时间和长切换时间的组合，在网络负载高于 0.3 时，由于短时隙持续时间和长切换时间降低了网络的时间效率，故网络的性能比长时隙持续时间更差。因此，对于快速切换技术，最好使用短时隙持续时间以实现低延迟；而对于慢速切换技术，最好使用长时隙持续时间以提高效率。

本章小结

我们基于 nOADM 设计了一种具有边缘计算节点的光城域接入网络，用于 5G 系统。我们研究了不同边缘计算节点的数量、位置和 IT 维度（TOR 交换机、缓冲区等）对 5G 应用网络性能的影响，包括延迟和丢包率。我们所研究的具有边缘计算的城域网是基于真实运营商网络建模的，并使用 OMNeT＋＋网络模拟器进行了仿真。网络模型中还定义了网络功能虚拟化和网络切片，以优化不同流量的 QoS。通过将 5G 网络流量分类为 3 类，我们在模型中以不同负载生成了 mIoT、CDN 和 Mission critical 流量，以模拟网络切片操作。通过比较不同缓冲区大小和边缘计算节点情况下的网络性能可知，在共计 20 个城域节点的模拟城域接入环形网络中，具有 6 个边缘计算节点的网络可以获得小于 1.6 ms 的网络延迟，这是所有情况中效果最佳的。当边缘计算节点的数量大于 4 时，在移动前传网络中可以保证延迟小于 200 μs。我们还研究了流量切片层的网络性能，结果显示：对于 Mission critical 流量，即使在高网络负载下，也几乎可以保证无丢包和小于 1 ms 的网络延迟。此外，我们还评估了具有边缘计算的 nOADM 在不同时隙持续时间和不同切换时间下的性能。结果显示：在快速切换技术下，1 μs 和 100 μs 的时隙持续时间可以满足对延迟极为敏感的流量（＜5 ms）；在 100 μs 和 1 ms 的慢速切换时间下，5G 系统中的延迟性能是不可被接受的，这意味着 nOADM 的快速切换技术对实现 5G 要求至关重要。另外，对于快速切换技术，最好使用短时隙持续时间以实现低延迟，对于慢速切换技术最好使用长时隙持续时间以提高效率。

第5章

固网5G中实现确定性低延迟的新型边缘计算城域接入节点

5.1 引　　言

目前，我们正在发展和部署第五代(5G)无线网络，旨在为终端用户提供前所未有的服务体验，但这将不可避免地要求网络具有更大的移动宽带带宽、更广泛的网络可用性、更快的响应时间、更高的可靠性和安全性[10,162]。接入5G网络的设备类型也将增加，从带有增强型移动宽带(eMBB)的手机到各种物联网(IoT)设备，其中还包括车对车(V2X)、自动化制造(工业4.0)和大规模机器型通信(mMTC)等应用。这些设备要求网络在性能、功耗和成本上提供不同水平的服务。与此同时，固定住宅光接入网络的无源光网络(PON)正在实现大规模部署。运营商已经开始升级千兆无源光网络(GPON)和以太网无源光网络(EPON)，不再使用10 Gbit/s的无源光网络(XG-PON和XGS-PON)，从而使GPON和EPON的流量出现了前所未有的增长。IEEE 802.3ca 50G EPON任务组定义了一个基于25 Gbit/s标称线路速率的系统，ITU-T也已将标称线路的速率提高到50 Gbit/s[163]。随着移动服务向第六代网络(6G)演进，以及固定住宅光接入网向更高速率的PON发展，预计上述趋势将持续下去。

对于固定网络和移动运营商而言，在提供先进的无线服务的同时，继续降低每比特的成本并保证延迟敏感型应用在高带宽、低延迟和低抖动方面的不同要求，正变得越来越具有挑战性。一直以来，电信网络的光传输层和无线层都是独立设计、控制和管理的。然而，为了能够满足 5G 和固定住宅光接入网络具有挑战性的性能目标，光传输系统需要与无线系统进行更紧密的互动[164-165]。这种高度集成的光和无线系统通常被称为固定 5G 网络(F5G)。

与此同时，数据密集型服务，如内容交付网络(CDN)，以及需要确定性低延迟的延迟敏感型应用[144]，正在将云计算向网络边缘迁移。为了支持这些应用，下一代城域网/接入节点将同时包含网络设备、计算和存储资源。此外，延迟敏感型应用和 5G 前传流量要求网络的确定性延迟小于 100 μs，抖动小于 100 ns，丢包率低于 10^{-7}[94,165]。虽然在光城域接入网络节点中，光电接口和电分组交换可以有效汇聚来自固定和无线接入的大流量，并有效利用网络资源，但延迟敏感型流量应以最小的延迟和低抖动提供服务，而光电接口无法保证这一点。这些新型边缘计算服务与 5G 系统和固定住宅光接入的共存需要一个高容量、高灵活度的光城域接入网络。该网络能够有效利用光带宽和网络资源，动态支持延迟敏感型应用不同的流量需求，并保证服务质量要求。

目前，人们致力于在光城域网系统中实现低延迟流量传输，并保证确定性延迟[166-169]。然而，现有的工作都集中在电域的流量调度和抖动补偿上，这意味着接入流量必须在城域网络节点中进行处理、缓冲和 O/E/O 转换，从而带来了额外的延迟，这对某些应用而言可能超出了其所需的延迟范围。

在本章中，我们提出了一种新型光城域接入环形网络和具有边缘计算功能的节点架构，该架构适用于固定和移动流量，使用动态光快速通道分配的纳秒级可重构光分插复用器节点(nOADM)，可满足低延迟和确定性接入流量的要求，如 5G 前传和工业 4.0。与现有解决方案相比，本章提出的架构支持为超可靠和低延迟通信(URLLC)灵活、动态地分配全光通路。URLLC 流量可通过动态全光通路端到端连接进行传输，且该传输过程保证了超低延迟和抖动。

为了正确计算到达城域接入节点的流量，我们以人口稠密城区的接入汇聚为例。假定城域接入节点是采用 50G PON 的固定光接入系统的终端，并由光电接入接口处理。而无线前传流量通过 WDM 链路(以 PON 方式)提供，波长容量为 25 Gbit/s(ITU-T 讨论中)，这些流量可以根据应用需求动态转发到光电接入接口，或通过光城域网透明地定向传输到边缘计算节点。我们还考虑为 nOADM 中的可调收发器提供 200 Gbit/s 的信道容量，以满足接入接口的大流量需求。本章提出的光城域接入环形网络和具有边缘计算功能的节点架构旨在解决 F5G 系统的一些关键问题：

(1) 为下一代固定接入和无线前传系统增加带宽；

(2) 降低关键无线服务的确定性延迟；

(3) 提高网络资源分配和资源利用的灵活性和动态性；

(4) 通过在光域有效执行流量聚合，减少电交换机的数量。

本章的结构如下：5.1 节引入了本章的研究内容；5.2 节介绍了采用 nOADM 和灵活光通道的光城域接入网的架构和系统运行；5.3 节介绍了仿真建立，并展示和讨论了主要的实验结果；最后总结了本章的主要结论。

5.2 系统设计和运行

图 5-1 显示了 nOADM 的系统设计和网络运行情况，该系统可为光城域接入环形网络提供快速接入流量。每个网络节点由 nOADM 光交换模块、控制模块、调谐收发器、边缘计算服务器(用于网络的某些节点)，以及将 50G PON 和 WDM 链路汇聚到分布式天线流量的光电接入接口组成。有关 nOADM 节点架构、监督信道控制和时隙网络运行的详细信息，请参考第 4 章。需要注意的是，本工作的创新之处在于，本章所提出的架构和运行方式允许将来自/到达分布式天线的 WDM 流量导向光电接入接口，由节点进行处理或绕过节点直接添加到网络中，从而到达目的边缘计算节点。上述操作可以最大限度地减少节点光电接入接口处理流量时的延迟和抖动，从而满足流量的低延迟、确定性延迟和极低抖动的 QoS 要求。

本章提出的 nOADM 节点结构允许来自/到达分布式天线的 WDM 流量绕过节点，直接添加到网络中或从网络中删除，以最大限度地减少延迟并消除由光电接入接口处理流量而引入的抖动。因此，部分接入流量可直接发送到光时隙环形网络，而无需在光电接入接口处理所有本地流量。考虑到 5G 前传网络的情况，天线产生的流量经过低层 PHY 处理后，需要转发到基于边缘计算的 BBU 进行高层 PHY 和 MAC 处理。这种 5G 前传流量必须以低于 10^{-7} 的丢包率、低于 100 μs 的延迟和低于 100 ns 的延迟抖动进行传输[144]。绕过部分 5G 前传流量，并通过时隙光环形网络进行处理有两个优势：一方面，将部分流量绕过光网络可以减少光电接入接口的流量，从而有可能为光电接入接口处理的其他流量释放更多的网络容量；另一方面，由于旁路流量未经光电接入接口处理，因此，它能够在更短的时间内，以更低的抖动传送。此外，提高性能的网络策略可直接在旁路流量中实施，比如，为抖动控制预留资源。如图 5-1 所示，一个 1×3 WSM 模块被用于配置来自/到达远程无线电设备(RRU)天线的流量，这些流量将通过 nOADM 光电接入接口处理或绕过节点。1×3 WSM 模块被配置为将部分天线流量路由到光电接入接口，在光电接入接口中，数据包根据其目的地进行聚合；另一部分天线流量则直接由光网络处理。1×3 WSM 模块的第三个端口被用于处理旁路流量。具体来说，在每个时隙中，监督通道会控制 WSM 模块，以快速添加和丢弃旁路流量。绕过节点的接入流量与天线产生的总流量之间的比率定义为旁路比率。当旁路比率为 1 时，表示天线产生的所有流量都将绕过节点的光电接入接口，直接加入网络。

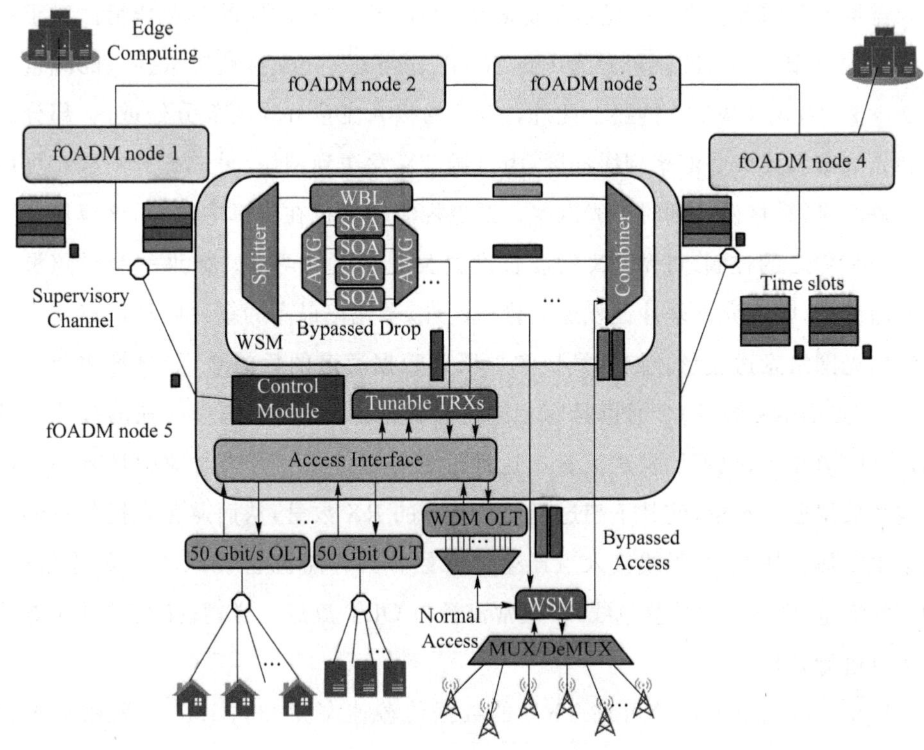

图 5-1 基于 nOADM 的光城域接入网络与快速接入流量的系统设计

5.3 仿真建立与结果分析

5.3.1 仿真模型建立

OMNeT++被用作网络仿真器,用于模拟网络运行和评估网络性能。它是一个事件驱动的仿真工具,因此,它能够模拟动态网络运行,从而获得网络性能关键指标的统计数据。我们在 OMNeT++中实现了一个包含 5 个 nOADM 城域网络节点的环形网络模型,节点之间的距离设置为 2 km,以表示人口稠密城市区域的接入流量汇聚情况。图 5-2 显示了仿真中 OMNeT++建模的节点详情。对于每个 nOADM 节点,PON 流量源为 16×50 Gbit/s OLT,5G 移动流量接入的流量源为 20×25 Gbit/s WDM 链路。此外,RRU 的接入流量分为两部分处理,一部分发送到光电接入接口并汇聚到缓冲区,由可调 TX 发送到网络;另一部分则在有可用波长资源时,直接发送到时隙光网络。节点控制模块也在仿真中建模,该模块负责 WBL 和 WSS 的控制、可调 TX 的波长设置及缓冲区的调度。如果一个时隙没有足够的流量,则不允许缓冲区发送流量。此外,填充率最高的缓冲区可以以最高优先级向光网络发送流量。控制模块掌握所有数据通道的目的地,如果检测到已经有 m(节点的 RX 数量)个通道具有相同的目的地,那么即使该目的地的缓冲区具有最高的填充率,也不能发送流量。这种机制可通过限制每个时隙中具有相同目的地的数据通道数量,使其不超过目的地节点的 RX 数量,从而避免数据包在环形网络中循环。从 20 个天线接入点产生的流量分为旁路流量(图 5-2 中的绿色线)和正常流量(图 5-2 中的蓝色线)。正常流量与 OLT 流量一样,直接发送到光电接入接口进行处理。

用于增加网络流量的可调 TRX 的数据传输速率为 200 Gbit/s(采用双极化 16-QAM 调制方式,25GB)。20 个 RRU 和光电接入接口侧的 WDM 25 Gbit/s TRX 有固定的波长,我们认为 WDM 链路用于直接访问 RRU,因此,所有节点的旁路流量共享相同的 20 个波长。此外,我们假设所有流量源产生的流量服从均匀分布。本研究还模拟了边缘计算节点的运行情况,并探讨了当 5 个节点中的 1 个、

2 个或 3 个节点为边缘计算节点时,系统的性能表现。正常节点(无边缘计算)的旁路天线流量被发送到最近的边缘计算节点,而边缘节点和正常节点的 OLT 流量的目的地都是从其他节点中随机生成的。nOADM 节点的总缓冲区大小设置为 1.5 MB,每个 RRU 的缓冲区大小设置为 62.5 KB,光时隙大小设置为 2 μs。考虑控制数据包的处理时间和 WBL 设置的 SOA 门,每个时隙的控制数据包和数据包之间的保护时间设置为 180 ns。在仿真中,共计生成了 1 000 万个数据包。

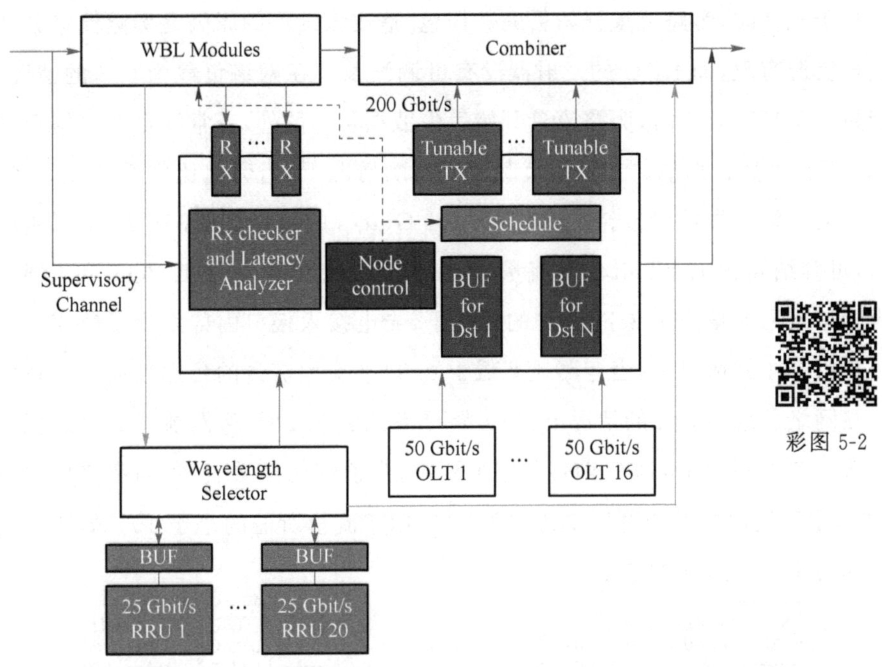

彩图 5-2

图 5-2 具有快速接入流量的 nOADM 节点的仿真模型

5.3.2 性能讨论

首先,我们对网络性能与旁路比率之间的关系进行了研究。在本研究案例中,每个 nOADM 节点配备了 6 个可调 TRX。可用波长信道(可调谐发射机的波长范围)设定为 C 波段的 20 个信道,信道间隔为 50 GHz,环形网络中有两个边缘计算节点。值得注意的是,信道数代表可用于数据传输信道的数量。图 5-3 显示了在不同流量负载下,旁路比率为 0.1~0.9 时,网络的数据包丢失率和延迟的变化情况。请注意,0.1 的旁路比率意味着 10%的天线流量(旁路流量)将被直接发送到光网络，而其他 90% 的流量（正常流量）将被转发到光电接入接口进一步处理。从图 5-3 中我们可以看到，随着旁路比率和负载的增加，正常流量的性能得到了提高，而旁路流量的性能却在降低，造成该结果的原因是更多的网络容量（波长信道）被预留给了旁路流量，以实现低延迟、低抖动和可靠的性能。在负载达到 0.4 时，旁路流量实现了无数据包丢失和小于 30 μs 的延迟。此外，在负载为 0.4 时，正常流量的丢包率为零，延迟时间小于 25 μs。在网络负载高于 0.4 的情况下，当旁路比率高于 0.6 时，旁路流量开始丢失数据包，造成该结果的原因是旁路流量共享的总波长资源有限，而 RRU 的发射器没有可调波长。在网络负载为 0.8 的情况下，当旁路比率高于 0.2 时，旁路流量开始丢失数据包。此外，正常流量在网络负载为 0.4 时不会丢失数据包。在网络负载为 0.8 的情况下，当旁路比率低于 0.6 时，正常流量会开始丢失数据包。虽然有 6×200 Gbit/s 的可调 TRX 和 20 个可用波长通道，可容纳高达 1.2 Tbit/s 的流量，但在高负载流量接入（包括 PON 和天线流量在内的总接入流量为 1.3 Tbit/s）的情况下，光电接入接口内部发生了争用。在网络负载为 0.4 的情况下，当旁路比率低于 0.8 时，旁路流量的延迟性能优于正常流量。在网络负载为 0.8 的情况下，当旁路比率低于 0.4 时，旁路流量的延迟低于正常流量。考虑到 eCPRI 5G 前传网络的要求，数值性能结果表明，当旁路比率达到 0.6 时，本章提出的系统可以支持 RRU 和 BBU 流量所需的小于 10^{-6} 的数据包丢失率和低于 100 μs 的延迟。

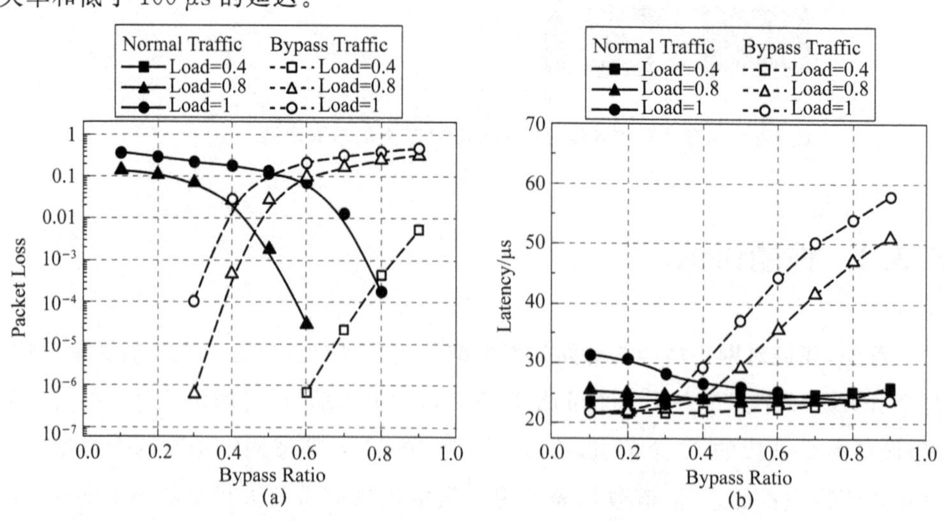

图 5-3　正常流量和旁路流量的数据包丢失率与延迟和旁路比率的关系

接下来,本章研究了网络性能与可调 TRX 数量和可用信道数量的关系。图 5-4 显示了 4 个和 6 个可调 TRX 情况下的网络性能。针对每个可调 TRX 数量,分别研究了 8、10 和 20 个波长信道(可调发射机的波长范围)的情况。本实验所研究的性能是在旁路比率为 0.5,5 个节点中有 2 个边缘计算节点的情况下进行的。因为旁路流量只能由 20 个 RRU 上 25 Gbit/s TRX 的 WDM 链路承载,所以增加信道数量和 200 Gbit/s 可调 TRX 数量并不能提高旁路流量的性能。当研究中考虑 4 个可调 TRX(容量为 800 Gbit/s)时,在负载高于 0.4 的情况下,数据包丢失率和延迟性能很快达到饱和。造成该结果的原因是总计 1.05 Tbit/s 的聚合接入流量(800 Gbit/s 的 PON 流量和 250 Gbit/s 的天线流量)超出了 800 Gbit/s TRX 的带宽限制。从图 5-4 中我们可以看出,当每个节点仅使用 4 个可调 TRX 时,增加波长信道数对系统性能的影响有限。

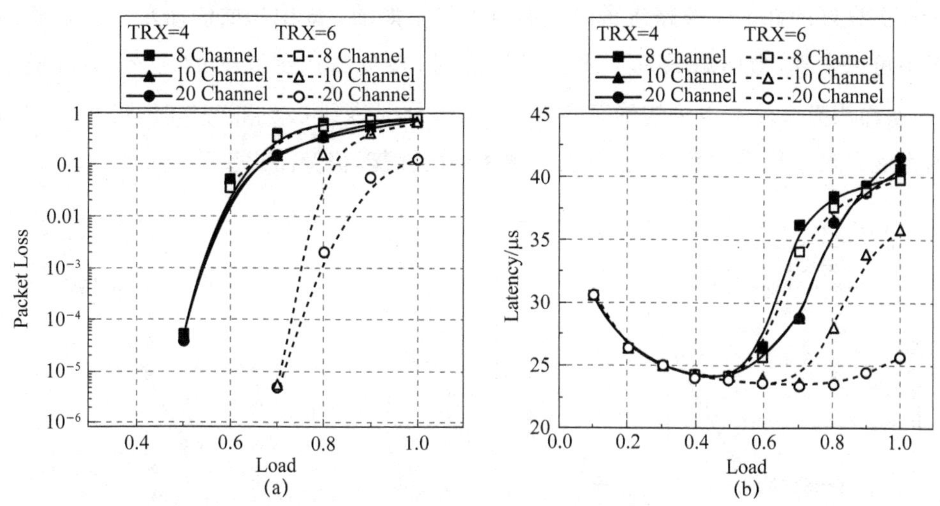

图 5-4 正常流量的数据包丢失率和延迟与信道和 TRX 数量的关系

当可调 TRX 数量增加到 6 个(容量为 1.2 Tbit/s)时,即使在高流量负载网络条件下,拥有更多可用波长信道也会对系统性能产生积极影响。从图 5-4 中我们可以看出,在使用 6 个可调 TRX 的情况下,10 和 20 个波长信道的数据包在负载为 0.7 时开始丢失,当负载高于 0.7 时,使用更多波长信道也会实现性能的提升。延迟性能与丢包性能的趋势相同。值得注意的是,4 个和 6 个可调 TRX 数量的延迟曲线随着流量负载的增加而下降,直到负载为 0.4。造成该结果的原因是 nOADM 中的缓冲区只有在 2 μs 时隙完全填满后,才会向网络发送流量。得益于光网络的快速切换，所有研究案例的平均数据包延迟时间都小于 45 μs。此外，在使用 4 个可调 TRX 且负载达到 0.4 的系统中，数据包丢失率可低于 10^{-7}；如果使用 6 个可调 TRX，则当负载达到 0.6 时，数据包丢失率仍低于 10^{-7}。

本节将研究网络性能与边缘计算节点数量的函数关系。在本研究中，边缘节点数指配备边缘计算功能的 nOADM 节点数。例如，2 个边缘节点表示环形网络的第 2 个和第 5 个节点被指定为边缘计算节点。正常节点的所有天线流量都终止于最近的边缘节点，来自边缘节点的流量以随机目的地发送到正常节点。图 5-5 显示了旁路流量的延迟和数据包丢失率与边缘计算节点数量的函数关系。在本研究中，旁路比率设定为 0.5。在所有边缘计算节点数量设置情况下，仿真的 nOADM 环形网络都能满足延迟要求。此外，3 个边缘计算节点的数据包延迟略优于 2 个边缘计算节点的情况，这表明 2 个边缘计算节点可以为 5 个节点的环形网络提供良好的性能。旁路流量的数据包丢失率如图 5-5 中的曲线所示。从这些结果中可以发现，当网络只有 1 个边缘节点时，在负载达到 0.2 时，丢包率可低于 10^{-7}；而当有 2 个和 3 个边缘节点时，在负载分别达到 0.4 和 0.5 时，可实现相同的性能。对于更高的负载，也可以实现相同的性能，但旁路比率要低于 0.5。

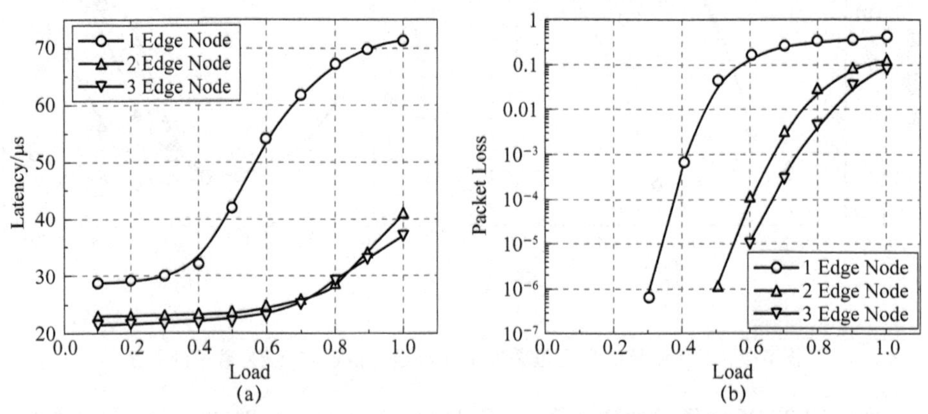

图 5-5　旁路流量的延迟和数据包丢失率与边缘计算节点数量的关系

为了研究延迟抖动，图 5-6 显示了在网络负载为 0.4 时，数据包延迟的概率分布，其中正常流量由节点接入接口处理，旁路流量直接发送到目标边缘计算节点。由于绕过了节点和时隙预留，直接发送到边缘计算节点的旁路流量的延迟抖动小于 80 ns。因此，该旁路流量的延迟抖动仅来自 RRU 源流量产生的延迟抖动。相反，正常流量的延迟抖动较大，造成该现象的原因是网络不预留时隙/波长，在波长和时间统计多路复用操作中，正常流量经历了光电接入接口处理和缓冲。虽然 40 μs左右的延迟抖动对于超关键应用来说是不可接受的，但它可以满足视频点播等要求较低的流量[170]。原则上，也可以引入策略/调度来预留时隙/波长，以减少具有确定性时延要求的高 QoS 流量的延迟抖动。

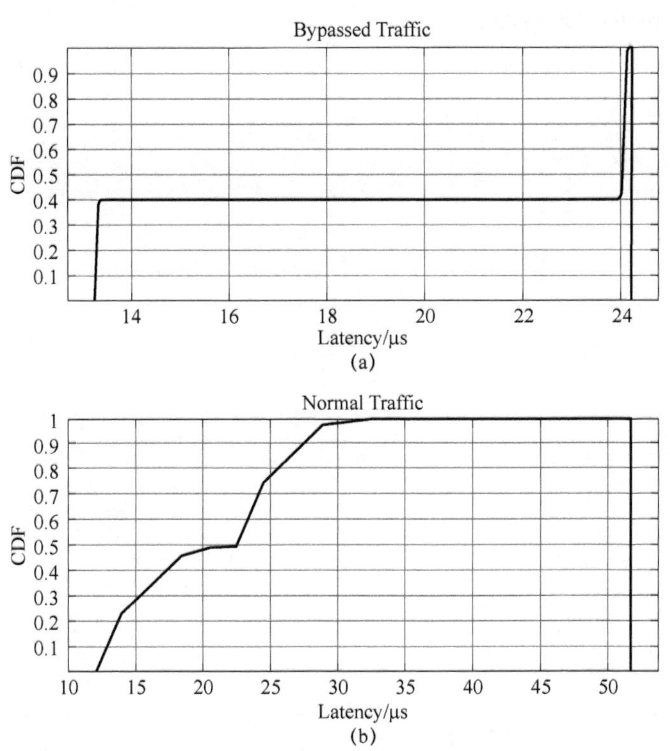

图 5-6 终止于正常节点的天线流量和终止于边缘计算节点的旁路流量的延迟分布

本章小结

在本章中，我们提出并研究了一种新型时隙光城域接入环形网络和节点架构，该架构采用纳秒级控制的 nOADM，具有边缘计算功能，适用于融合的固定和移动网络，可解决超关键应用和延迟敏感型应用的灵活光聚合、高效波长使用和动态网络资源分配以及动态光快速通道分配等问题。利用 OMNeT++建立网络模型的仿真框架，对网络性能进行了数值研究。结果表明，当旁路比率高达 0.6 时，本章所提出的架构可支持 RRU 和 BBU 流量所需的 10^{-7} 丢包率和 100 μs 延迟。此外，该架构在 5 节点环形网络中部署了 2 个分布式边缘计算节点，旁路流量可以在负载为 0.5 时实现低于 40 μs 的延迟和 10^{-6} 的数据包丢失率。此外，对于需要确定性延迟的超关键应用和延迟敏感型应用，通过光快速通道分配和资源预留，旁路流量可实现 80 ns 的延迟抖动。

第 6 章

基于 nOADM 的光环形网络的精确时间分配与同步

6.1 引　　言

受 5G 及 6G 通信技术的推动，数据密集型应用对服务提供商节点与用户接入节点之间的通信带宽有着巨大的需求。此外，像自动驾驶汽车、工业 4.0 和 5G C-RAN 等多个应用需要具有极低延迟的通信和计算能力。被称为边缘计算的轻量级数据中心分布在网络边缘，以服务延迟敏感型流量。因此，服务被带到了距离终端用户更近的地方，缩短了服务交付时间。然而，5G 和边缘计算所启用的新应用给光城域接入网络带来了重大挑战。光城域接入网络需要支持异构接入技术和流量，同时还要满足它们的服务质量(QoS)要求。首先，随着需求的增加，波长成为稀缺资源，这最终将限制当前电路交换式光城域网络的容量和可扩展性。其次，光城域接入网络需要具有快速重新配置的能力(亚微秒级)以服务延迟敏感型应用，否则，必须提供额外的波长和带宽，但这将受到可用光谱资源的限制。最后，精确的时间同步对于光网络提供基于边缘计算的虚拟 BBU 的 5G 前传流量至关重要。预计 5G 及 5G 以后的网络将实现超高连接密度和移动性，这将对时间同步提出更严格的要求[144]。预期 5G 网络系统 RRU 的数量是 4G 网络系统的 10 倍，因此，为所有无线电终端和 BBU 节点部署如此多的全球导航卫星系统(GNSS)是非常困难和昂贵的。为了使光网络具有精确的时间同步并避免部署过多 GNSS 带来的高成本，需要对光网络进行精确的时间分配的研究。

最近在优化波长利用方面的努力主要集中在弹性光网络(EON)[167]和宽带光网络(WON)[168]上,这两种网络分别用于提高波长的利用效率和为电信创造更多可用波长。然而,由于边缘计算及其新应用所带来的流量动态性增加,波长切换网络中的通道效率急剧下降。因此,当前基于 WSS 的光网络无法充分利用 EON 或 WON 产生的额外光谱资源。其他研究工作已经对快速重构光网络进行了调查[146-152],这些研究工作采用快速光开关或可调谐收发器技术构建时隙光网络,因此,波长可以在每个时隙中被重复使用。然而,完全灵活的时隙光网络在控制方法上尚未展示出具体的应用。对于精确的时间分配,已经存在多种方法,如 IEEE 1588[169-171]和 white rabbit[172],这些方法用于点对点精确的时间同步。然而,在要同步的节点之间没有直接连接的情况下,通过交换机进行级联时间分配会引入时间差(抖动)的积累,尤其是对于两个远距离节点和多个中间交换节点。

为了解决上述问题,我们设计、调查并展示了一种新颖的控制方法、精确的时间分配和同步机制,用于时隙光城域接入网络,以实现全面灵活和高效的波长利用、快速流量传递和精确的时间分配与同步。本章所提出的网络具有专用的监控通道用于快速重构网络,并向网络节点分发参考时间。监控通道在每个时隙中携带数据通道的目的地,因此,节点可以通过分析监控通道进行快速地增加/删除控制和在一个时隙尺度上重复使用波长。此外,监控通道还携带特定时隙中不同节点的时间戳,以进行时间戳交换和节点的时间同步。本章所提出的时间分配和同步机制可以避免在多层光网络中积累时间差。

本章所提出的基于监控通道的网络控制和同步已经通过实时 FPGA 实验验证和演示了其在纳秒级光增/减节点上的应用。实验结果显示,时隙网络成功运行,带宽利用率达到 80%,延迟低于 100 μs。同时,利用本章所提出的时间分配技术,所有环形网络节点的时间精度均达到了低于 5 ns 的水平。在单一时间参考的二层网络(光城域环形网络和光城域接入网,即 PON 和 RRU/DU)中实现了小于 12 ns 的时间精度。

本章的结构如下:6.1 节引入了本章的研究内容;6.2 节全面介绍了本章所提出网络的系统操作,包括网络架构、时隙操作和时间同步;在第 6.3 节中,我们通过实验演示和评估了具有时隙操作和精密时间分配的提议光城域接入网络的性能;最后总结了本章的主要结论。

6.2 基于 nOADM 的光交换城域接入网的设计与实施

本章所提出的具有接入节点的光城域环形网络结构如图 6-1 所示。该网络以时隙方式运行，由监控通道控制，采用纳秒级 SOA 的 nOADM，以及时隙网络的快速控制使得节点之间可以进行快速切换操作和时隙光学数据交换。因此，波长资源可以在每个时隙中灵活高效地（重新）分配给不同的节点。此外，监控通道还通过光环形网络将精确的时间分配给每个节点，然后分配给相关的接入节点。因此，使用单一时间参考，光城域接入网络及其接入节点可以被精确同步，以满足连接天线和基于边缘计算的 BBU 节点的 5G 前传的关键要求。

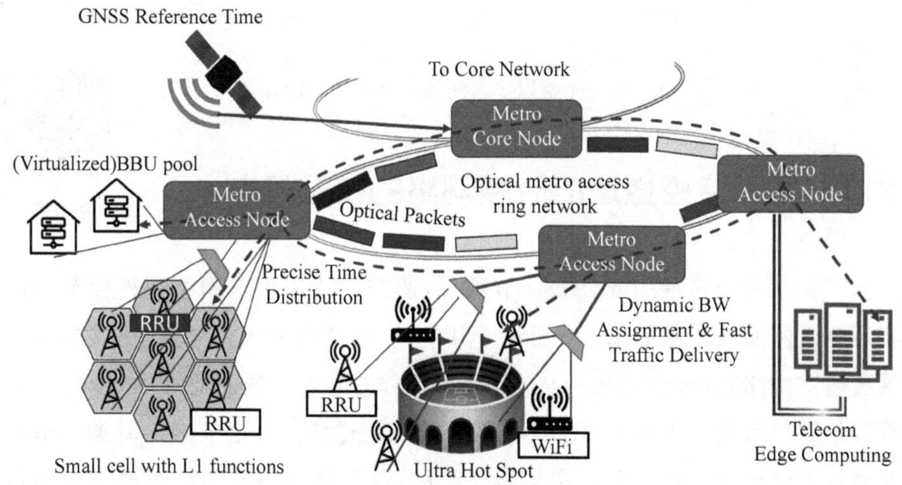

图 6-1 带有异构接入技术的光城域接入网络

基于 nOADM 的光城域接入网络的详细信息如图 6-2 所示。nOADM 节点的架构及时隙网络操作的细节（添加和丢弃）已在第 4 章中详细介绍过。根据 nOAMD 网络的架构和操作，本研究提出了一种新颖的方法来实现时隙光网络操作，并提出了一种在时隙 nOADM 环形网络中分配时间的新机制。时隙操作和时间分配的实现均基于监控通道（图 6-2(a)中的紫色线）。本节介绍了这两项工作的详细内容。在 6.2.1 节中，我们介绍了基于监控通道的时隙网络的快速控制；在 6.2.2 节中，我们介绍了基于监控通道的精确时间分配和同步。

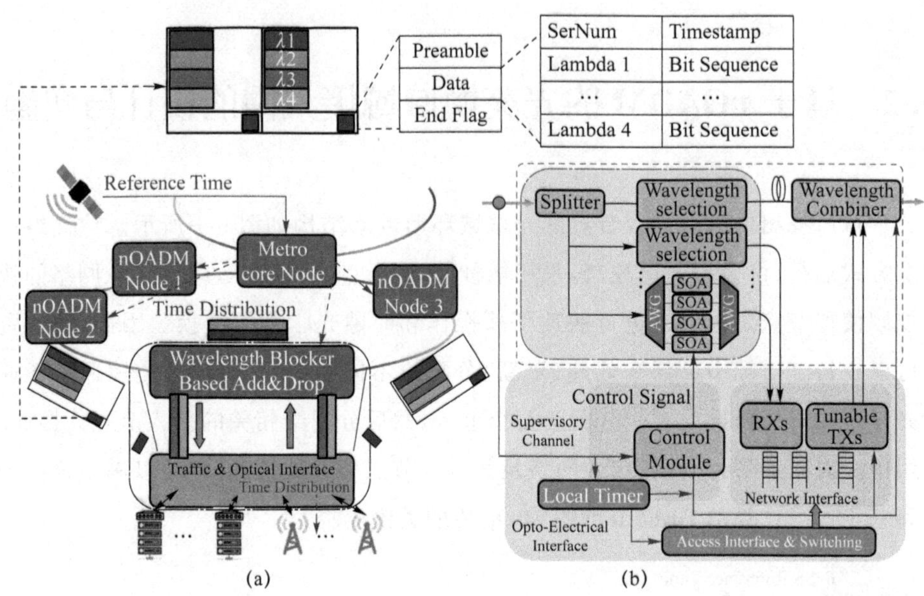

图 6-2　光城域接入网络的架构和系统操作

彩图 6-2

6.2.1　基于监控通道的时隙网络的快速控制

除了控制每个单独的 nOADM 节点外，监控通道还负责网络中连接节点的时隙实现。时隙实现机制如图 6-3 所示。其中，一个节点充当主节点，提供参考时间并管理时隙网络；其他节点充当从节点，处理由主节点发送的监控通道，并在读取和重写控制包后基于丢充和添加的通道将信息传递给下一个节点。时隙环形网络需要通过 3 个步骤进行设置。在初始化阶段，主节点向环形网络发送一系列带有时间戳的时隙控制包。每个从节点接收、处理这些控制包(由于读取和修改时隙控制包而引入的延迟时间)并将其重新传输到下一个节点。当时隙控制包返回到主节点时，通过时间戳可以知道整个环形网络的延迟时间，主节点根据时间槽持续时间计算环形网络中时间槽的数量(Nslot)。在第二阶段，主节点以时间槽持续时间间隔发送 Nslot 个时隙控制包。从节点接收时隙控制包，读取标签，根据添加和丢弃修改标签，然后将时隙控制包重新传输到环形网络中。一旦主节点发送完所有必需的时隙控制包，环形网络就开始以时隙方式运行，每个时隙控制包的时间槽由每个时隙控制包的定时确定。在最后阶段，环形网络中的主节点和从节点只需要处理、修改和重新传输传入的时隙控制包。需要注意的是，数据通道的添加和丢弃可以在第二阶段启用,环形网络中时间槽的定时是确定的。在时隙环形网络设置步骤中,环形网络的总时间是固定的,将其进行分割,且所有节点都以固定的延迟处理时隙控制包。因此,每个时隙控制包在固定的时间点到达环形网络节点。

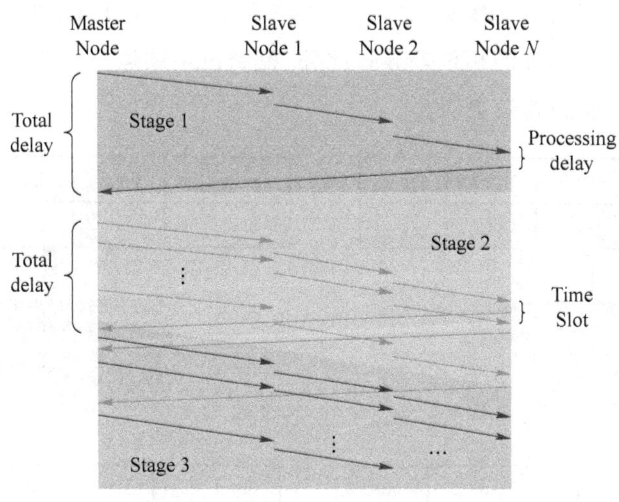

图 6-3 主节点与从节点之间建立时隙网络操作的信息交换

6.2.2 基于监控通道的精确时间分配和同步

利用监控通道携带的信息实现的另一个关键功能是从主节点(参考时间节点)到从节点的精确时间分配。不同节点的时间戳由特定时隙中的监控通道的控制包携带。如图 6-4 所示,第 i 个节点的时间戳是由第 i 个时隙中的控制包携带的。所有从节点的时间戳只与主节点交换以进行时间同步,每个时隙被专门用于主节点与其中一个从节点之间的同步操作。在时间分配过程中,主节点首先将其本地时间($T_{\mathrm{M}-1(1)}$,…$T_{\mathrm{M}-n(1)}$)添加到相关时隙的控制包中。第 n 个从节点检测到第 n 个时隙,然后接收主时间戳 $T_{\mathrm{M}-n(1)}$,记录接收时间为 $T_{\mathrm{S}-n(1)}$,并将其自身时间 $T_{\mathrm{S}-n(2)}$ 添加到控制包中。当第 n 个时隙的控制包再次到达主节点时,主节点记录接收时间 $T_{\mathrm{M}-n(2)}$,并将 $T_{\mathrm{M}-n(2)}$ 添加到控制包中。在第 n 个从节点接收到 $T_{\mathrm{M}-n(2)}$ 后,节点知道了 4 个时间戳。根据 IEEE1588[169] 中提出的算法,第 n 个从节点可以计算其与主节点的时间偏移并调整其本地计时器。该机制的优势在于,所有从节点都可以直接将其时间与主节点同步,避免了环形网络中节点之间的累积时间偏移。在同步过程中,时间差来自不同节点的时钟相位差异(对于 250 MHz 的时钟,时钟相位差异导致的时间差约为 4 ns）。在时隙环形网络中，所有从节点直接与主节点交换时间戳，因此，相位差异不会累积。故当计算主节点和从节点之间的时间偏移时，时间戳的相位差异对时间同步准确性的影响有限。从城域节点到接入节点的时间分配是通过点对点连接实现的。对于主节点和接入节点之间的时间同步，最多只需要考虑一个额外的相位差异。此外，控制包持续运行以控制网络，因此，精确的时间分配将保持持续更新。

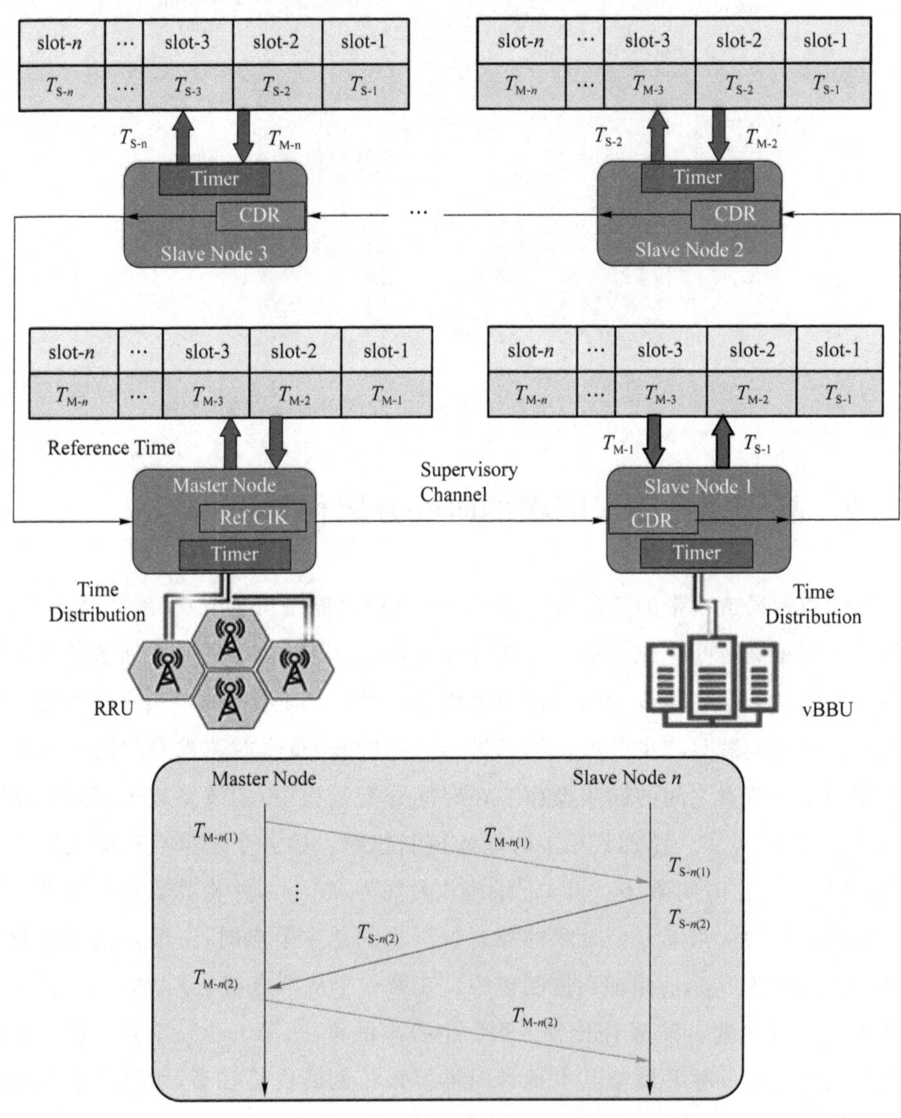

图 6-4　环形网络时间分配示意图

6.3 实验设置和结果讨论

6.3.1 测试平台设置

用于演示网络控制、动态光增/减操作、时间同步和精确时间分配的实验设置如图 6-5 所示。它由一个环形网络组成，由 3 个 nOADM 节点分别使用 25、10 和 2.8 km 的光纤连接。每个 nOADM 配备有基于 SOA 的 WBL 和一个 FPGA，用于实现用于流量工程和基于监控通道控制的光电接口。Xilinx UltraScale FPGA 板配备有两个 10 Gbit/s ER(40 km 标准)的 SFP+收发器(ITU Ch23、25)，通过动态打开/关闭两个 SOA 门来模拟纳秒级可调谐 TRX_s。采用额外的 SFP+收发器(ITU Ch27)用于监控通道。10GE PCS/PMA[114] 被用作监控通道的物理层，用于数据编(解)码和 RX 字节对齐。

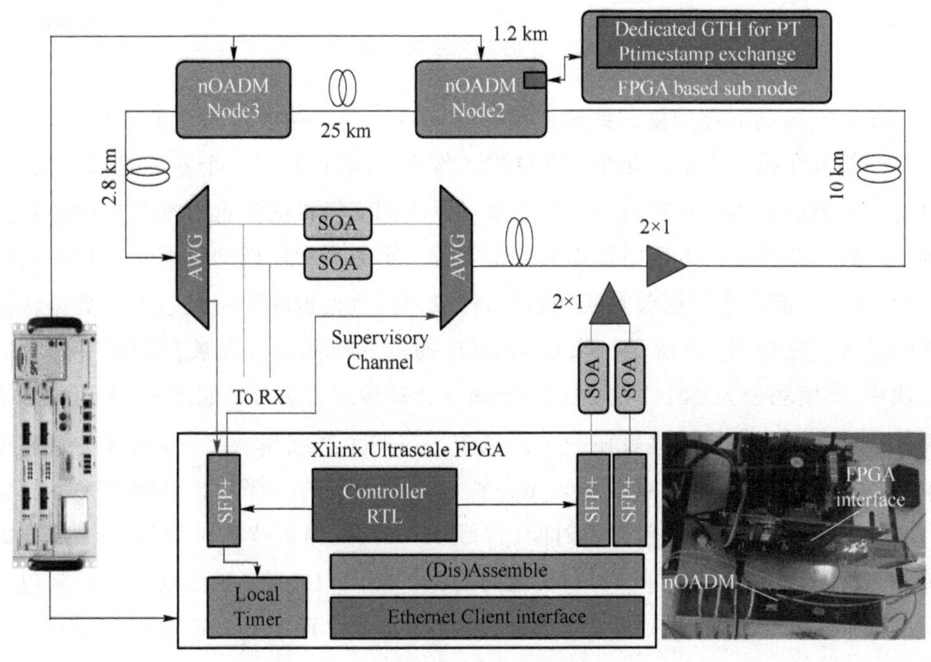

图 6-5 测试平台示意图

图 6-6 显示了 FPGA 功能块的实现细节，其中，绿色部分是工作在 156.25 MHz的 TRX 时钟域，蓝色部分是工作在 250 MHz 的主时钟域。FPGA 功能块中有一个用于监听和向监控通道发送信息的状态机模块。该状态机模块的实现机制与 6.2.2 节中介绍的相同。对于主节点，状态 1 用于测试所需的时间槽，状态 2 用于确定控制包的发送时间和计数，状态 3 用于监听和重新传输环形网络中运行的控制包。从节点只需要状态 3。控制包的交换信息由监控通道处理器模块处理，该模块负责在每个时间槽中读取/写入控制包，包括时间戳的交换和计算，以及添加/丢弃控制。此外，来自 SDN 的信息可以直接接近这个模块，以实现不同的网络策略。

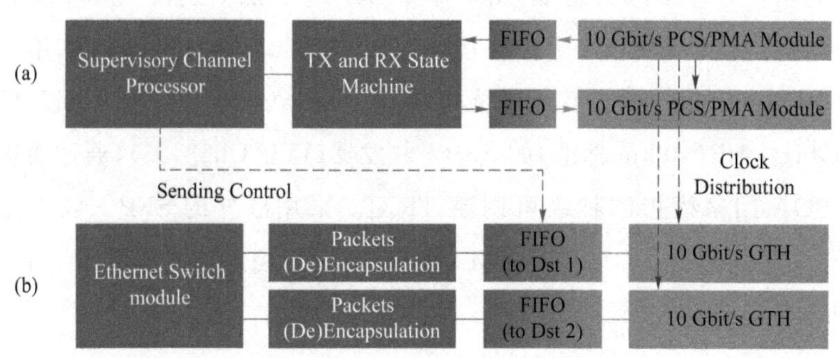

彩图 6-6

图 6-6　用于时隙操作的 FPGA 功能块

图 6-6(b)为时隙网络的数据通道操作。以太网交换模块用于处理接入流量，其实现细节在第 2 章中已介绍。在这项工作中，我们设计了一个新的光网络接口，以适应本书所提出的时隙网络操作。来自以太网交换机的流量根据其目的地路由到不同的光路径上。本章中使用的路由部分与第 2 章中使用的相同。在每条光路径中，核心功能是将数据包封装和解封，将以太网数据包映射到光包中。数据转换器的详细信息如图 6-7 所示。来自 XGMII 的输入数据流首先被存储在一个缓冲模块中，该模块分为 64 B 的数据流单元和 8 B 的标志流单元。如图 6-7 所示，32 个缓冲单元连同前导块被封装在一个光包中。在两个数据单元之间，插入一个标志单元，用于指示接下来的数据单元是完整包还是大包的一部分。时间槽大小设置为 2.1 μs，其中包括控制包持续时间(40 B，32 ns)、数据包持续时间(1 850 ns 数据传输时间和 30 ns 空闲时间)和它们之间的保护时间(180 ns)。数据包和控制包之间的保护时间用于 FPGA 接收和读取控制包，以及设置 WBL SOA 门。FPGA 的 RX 布线、10GE PCS/PMA 和 SFP+的信号传播延迟为 139 ns，该传播延迟是保护时间的主要组成部分。保护时间的另一个主要组成部分是 30 ns 的 SOA 切换时

间。节点 1 被分配为主节点,以提供时间槽的原始定时。节点 1 还通过其在 250 MHz 运行的本地时钟为光网络提供参考时间。基于 FPGA 的子节点通过专用点对点(P2P)10 Gbit/s 链路与节点 2 连接,用于研究光网络到其接入客户端的时间同步,并评估两层网络的时间分布。此外,我们还使用了 Spirent 流量生成器和分析仪向网络提供流量并分析网络性能。每个 nOADM 节点都通过一个具有特定以太网地址的 Spirent 的 10 Gbit/s 端口进行连接。

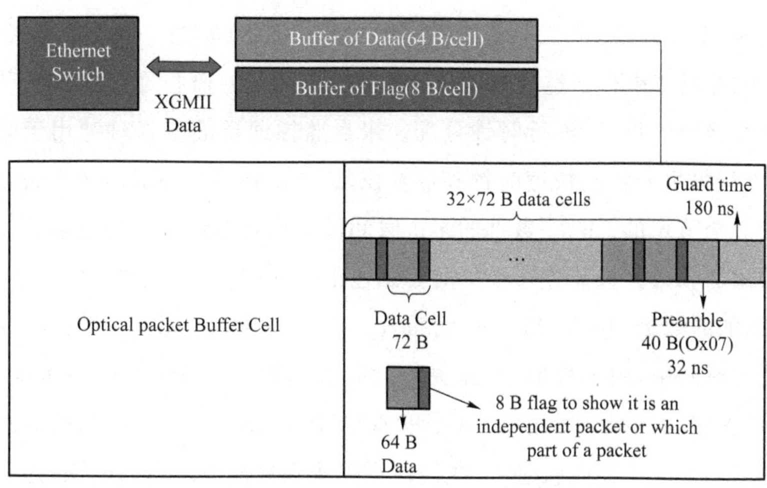

图 6-7 光网络接口处的数据包(解)封装

图 6-8 显示了由节点 1 添加到节点 2 和节点 3 的通道 25 的 BER 性能。从该图中我们可以观察到,由 SOA 的 ASE 效应引起的约 1 dB 的功率损失。SOA 的偏振依赖增益小于 1 dB。需要注意的是,此网络传输系统未使用额外的 EDFA 放大器。

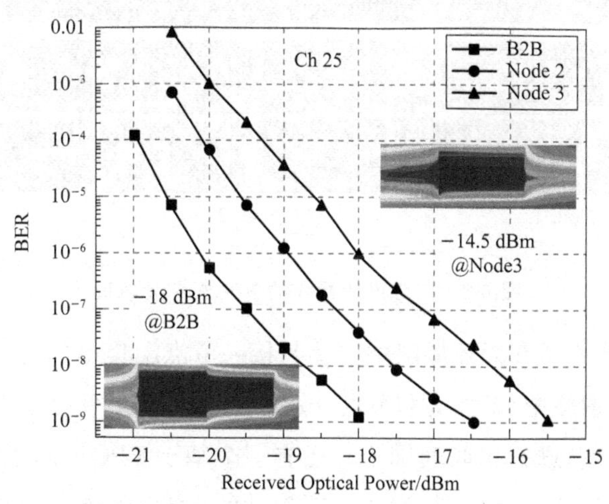

图 6-8 误比特率(BER)性能

6.3.2 性能评估

首先，我们验证了网络的时隙实现。在多次运行(5 h)后，图 6-9 显示了节点 1(主节点)在每个时间槽中接收到的控制包的记录迹线。这表明基于 6.2.1 节介绍的方法成功实现了时隙光网络操作。在 FPGA 轨迹中，我们可以看到监控通道中的控制包是以 XGMII 格式打包的，控制包包含数据标志(64 bit)和控制标志(8 bit)。监控通道中存在空闲数据(Ox07)，这是为了使监控通道能够在节点之间连续发送和接收数据，以进行时钟分配。来自监控通道的恢复时钟用于驱动数据通道，以进行每个光包的快速时钟和数据恢复[173]。图 6-9 还显示了经过动态添加和丢弃的 3 个节点的 Ch 25 数据的多个时间槽的记录迹线。该记录迹线说明了数据通道的添加和丢弃被监控通道中的控制包很好地控制。由于控制包定时的高准确性，故添加的数据包可以被正确地插入。监控通道的接收时间约为 139 ns；在 FPGA 处理时间中，用于添加/丢弃决策的时钟周期为 3 个(12 ns)；再加上 30 ns 的 SOA 切换时间。综上所述，FPGA 和 SOA ROADM 的一个时间槽的总重新配置时间约为 180 ns。在光轨迹中，我们还可以看到数据包之间的间隔，这是每个时隙中控制包和数据包之间的保护时间。

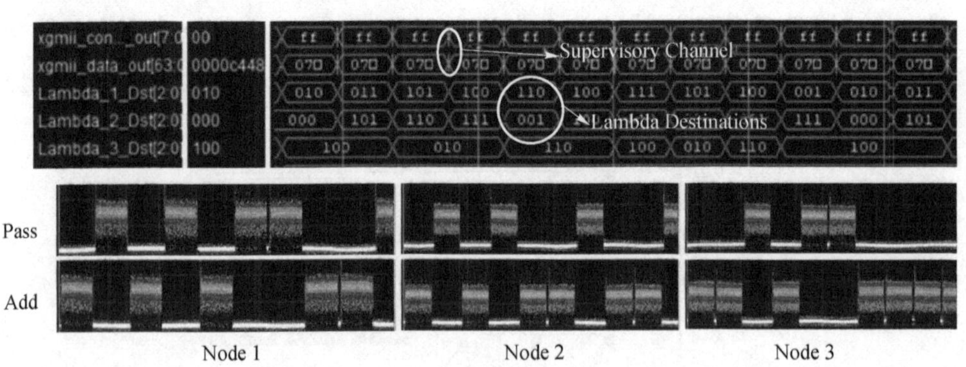

图 6-9 时隙网络操作的 FPGA 和光轨迹

然后，我们调查了在光环形网络中及其接入节点上提出的时间同步方法的准确性。在光环形网络中，节点 2 和节点 3 通过 6.2.2 节介绍的方法与节点 1(提供时间参考的主节点)进行了时间同步。还有一个基于 FPGA 的子节点，被用于模拟需要时间同步的接入客户端，如 5G 天线。本章提出的时间同步方法将子节点直接连接到节点 2,后者分配时间参考并与主节点同步。节点 2 和子节点之间的时间戳交换是通过点对点连接完成的,其中式(6.1)和式(6.2)用于同步时间。

$$\text{delay}=\frac{(T_{\text{S}-n(1)}-T_{\text{M}-n(1)})+(T_{\text{M}-n(2)}-T_{\text{S}-n(2)})}{2} \tag{6.1}$$

$$\text{offset}=\frac{(T_{\text{S}-n(1)}-T_{\text{M}-n(1)})-(T_{\text{M}-n(2)}-T_{\text{S}-n(2)})}{2} \tag{6.2}$$

图 6-10(a)显示了节点 1 的一个时间槽中收到的时间戳。该时间戳由纳秒域的32 bit 和秒域的 48 bit 组成。请注意,通过 Xilinx Vivado 的 ILA 核手动同时触发两个板,已经测量了秒域中的时间精度。纳秒域中的时间偏移通过连接到 FPGA_s 的示波器测量。每个 FPGA 节点都根据其时钟生成每秒一次(PPS)的信号。通过测量两个节点的两个脉冲之间的间隔,可以测量纳秒域中的时间偏移。图 6-10(b)和图 6-10(c)显示了经过 1 次测量后,主节点和节点 2 的 PPS 信号,图 6-10(c)说明了节点 2 的两个脉冲之间产生了约 3.5 ns 的时间偏移。图 6-10(d)和图 6-10(e)显示了经过 200 次测量后,节点 2 和节点 3 的时间偏移直方图。结果表明,两个节点具有相似的时间偏移性能。造成该结果的原因是主节点可以直接与环形网络中的所有从节点交换时间戳。因为 FPGA 中的计时器以 250 MHz 运行,所以时间偏移分布在两个峰值之间,故节点的时间粒度为 4 ns,并且从节点存在 4 ns 的相位不确定性。因此,当从节点计算时间偏移和延迟时,相位差被计为 0 或 4 ns。图 6-10(f)显示了主节点和子节点之间的时间偏移直方图,其中,我们可以看出时间偏移主要分布在 4 ns 处,并且大多数偏移小于 10 ns。造成该结果的原因是城域节点(在本例中为节点 2)引入的时间差累积。综上所述,本章所提出的时间分配和同步方法可以在环形网络及其接入节点中使用一个 GNSS 以 10 ns 的精度分配时间,该方法符合最严格的 5G 要求[144]。

最后,我们测量了动态发送和接收的光交换网络操作及环形网络在不同以太网数据包大小下的端到端延迟和丢包率,如图 6-11 和图 6-12 所示。需要注意的是,在这些测量中,为了补偿链路的功率损耗,我们给 SOA 注入了适当的电流,并且网络在零误比特率的情况下运行。丢包率和延迟由 Spirent 测量,该工具用于生成具有不同长度和负载的以太网数据包,并模拟接入流量。数据包的目的地是从两个目标节点(端口)中生成的。首先,来自 Spirent 的以太网数据包由 FPGA 中的电交换机处理,转发到相关的输出缓冲区(8 192 B)和数据包组装器。然后,以太网数据包被分割成 64 B 的数据单元,在时间槽中进行聚合并封装成光包进行发送。接收端接收到光包后，进行解组装，数据单元被重建为以太网数据包，转发到以太网交换机。最终，返回到 Spirent。图 6-11 显示了节点 1 处接收到的数据包的 FPGA 轨迹线，其他节点处也接收到了类似的轨迹线。图 6-11(c)显示了成功接收到光包的情况。

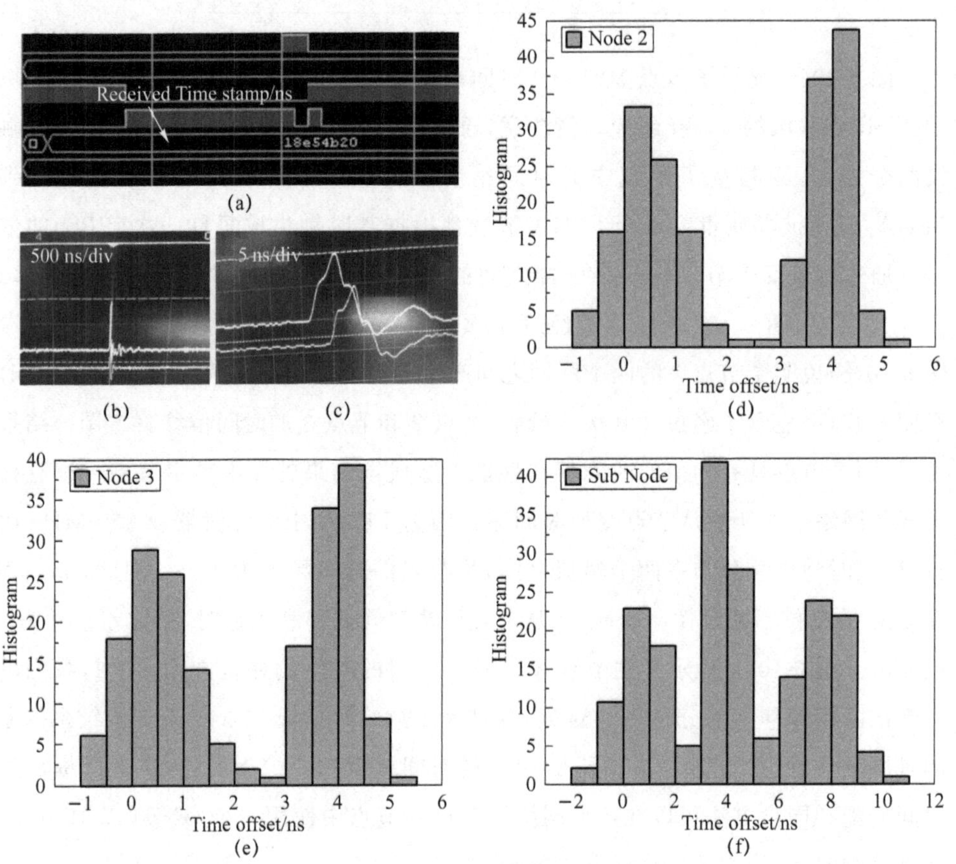

图 6-10　FPGA、示波器的轨迹线和时间同步性能的时间偏移直方图

图 6-11(a)和图 6-11(b)显示了时间槽中光包内的 64 B 数据单元。接收到的光包的 FPGA 轨迹线表明光包组装器的成功操作，它可以将以太网数据包封装成光包，并在无误的情况下进行时间槽操作。图 6-12 显示了不同以太网数据包大小下的端到端延迟和丢包率。需要注意的是，数据包的 FPGA 处理引入了约 600 ns 的延迟，其中主要的延迟来源于 I/O 接口的 IP 核，如 GTH、以太网 MAC 和 FIFO 入队和出队。数据包解析和转发在一个时钟周期内即可完成。对于 64 B 的数据包，数据包组装需要一个时钟周期；对于更大的数据包，需要多个周期。结果显示，

在 64 B 数据包的负载达到 70%时，本章所提出的网络可以实现低于10^{-7}的丢包率(基于 5G 前传要求的 eCPRI)。此外，该网络实现了大约 100 μs 的平均延迟，这对于最严格的 5G 用例来说是可以接受的[174-175]。从结果可以看出，在负载低于 70%的情况下，1 518 B 数据包的情况与 64 B 数据包的情况相似。当负载较高时，64 B 数据包的延迟较大，造成该结果的原因是查找表(LUT)的搜索操作更频繁。64 B 数据包需要进行更多的 LUT 搜索，导致 64 B 数据包的延迟较长。对于 64 B 和 1 518 B的数据包，在较低负载下，最大延迟比平均延迟高约 2 μs。在较高负载下，缓冲区大小对性能的影响更大。在测量中使用的缓冲区大小为 8.92 KB，因此，测量时只能存储少量光包，使得等待时间不会太长。

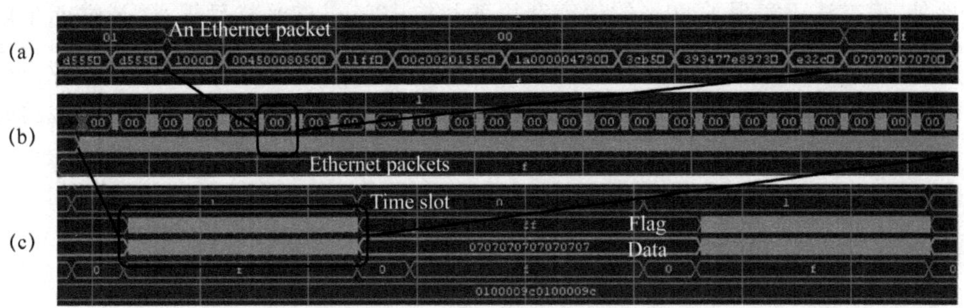

图 6-11 接收到的光包的 FPGA 轨迹

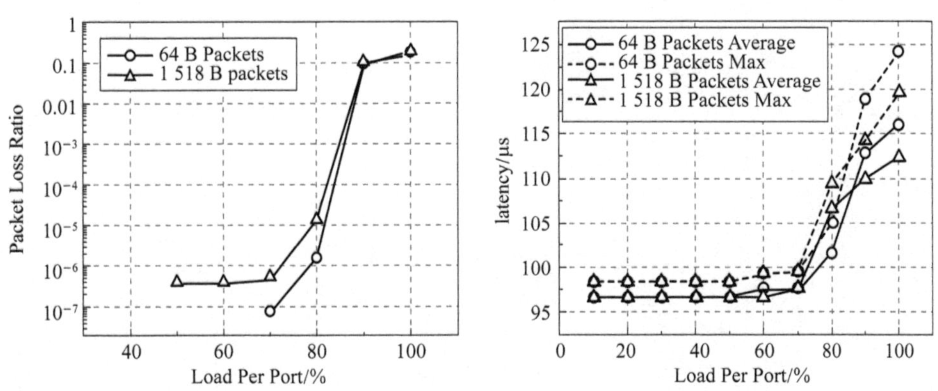

图 6-12 不同以太网数据包大小下的网络性能

本章小结

在本章中，我们通过实验验证了一种具有快速控制和精确时间分配能力的时隙光网络，该网络具有灵活的添加/丢弃功能。该功能是通过一种新颖的监督信道控制方法实现的。该方法利用监督信道来指示每个波长通道的目标节点，从而使得每个时间槽内的波长可以快速复用。此外，我们还提出并研究了一种基于监督信道的新型精确时间分配方法，并通过实验成功验证了 2.1 μs 时隙网络的操作。此外，该方法还实现了 80％的信道利用率和约 100 μs 的平均延迟，上述性能足以满足最严格的 5G 和边缘计算用例的需求。所有环形网络节点的时间精度均已达到 5 ns 以下。环形网络及其接入节点在单一时间参考下，实现了小于 12 ns 的时间同步精度，该精度可以满足 5G 前传网络最严格的要求。

参考文献

[1] Leiner B M, Cerf V G, Clark D D, et al. A brief history of the Internet [J]. ACM SIGCOMM computer communication review, 2009, 39(5): 22-31.

[2] Ryan J. A History of the Internet and the Digital Future[M]. Reaktion Books, 2010.

[3] Taleb T, Kunz A. Machine type communications in 3GPP networks: potential, challenges, and solutions[J]. IEEE Communications Magazine, 2012, 50(3): 178-184.

[4] Chae M, Kim J. What's so different about the mobile Internet? [J]. Communications of the ACM, 2003, 46(12): 240-247.

[5] Montag C, Błaszkiewicz K, Sariyska R, et al. Smartphone usage in the 21st century: who is active on WhatsApp? [J]. BMC research notes, 2015, 8: 1-6.

[6] Palattella M R, Dohler M, Grieco A, et al. Internet of things in the 5G era: Enablers, architecture, and business models[J]. IEEE journal on selected areas in communications, 2016, 34(3): 510-527.

[7] Shafi M, Molisch A F, Smith P J, et al. 5G: A tutorial overview of standards, trials, challenges, deployment, and practice[J]. IEEE journal on selected areas in communications, 2017, 35(6): 1201-1221.

[8] Holfeld B, Wieruch D, Wirth T, et al. Wireless communication for factory automation: An opportunity for LTE and 5G systems [J]. IEEE

Communications Magazine, 2016, 54(6): 36-43.

[9] Campolo C, Molinaro A, Araniti G, et al. Better platooning control toward autonomous driving: An LTE device-to-device communications strategy that meets ultralow latency requirements[J]. IEEE Vehicular Technology Magazine, 2017, 12(1): 30-38.

[10] Schulz P, Matthe M, Klessig H, et al. Latency critical IoT applications in 5G: Perspective on the design of radio interface and network architecture [J]. IEEE Communications Magazine, 2017, 55(2): 70-78.

[11] Fettweis G, Boche H, Wiegand T, et al. The tactile Internet [EB/OL]. (2014-09-11) [2024-04-01]. https://www.itu.int/oth/T2301000023/en.

[12] Meryem S, Adnan A, Mischa D. The 5g-enabled tactile internet: Applications, requirements, and architecture [C]//IEEE Wireless Communications and Networking Conference (WCNC). 2016: 1-6.

[13] Choudhury N. World wide web and its journey from web 1.0 to web 4.0 [J]. International Journal of Computer Science and Information Technologies, 2014, 5(6): 8096-8100.

[14] Tkach R W. Scaling optical communications for the next decade and beyond[J]. Bell Labs Technical Journal, 2010, 14(4): 3-9.

[15] Forecast G. Cisco visual networking index: global mobile data traffic forecast update, 2017 - 2022[J]. Update, 2019, 2017: 2022.

[16] Cisco annual internet report (2018 - 2023) white paper [EB/OL]. (2020-03-09) [2024-04-01]. https://www.cisco.com/c/en/us/solutions/collateral/executive-perspectives/annual-internet-report/white-paper-c11-741490.html.

[17] Briscoe N. Understanding the OSI 7-layer model [J]. PC Network Advisor, 2000, 120(2): 13-15.

[18] Day J D, Zimmermann H. The OSI reference model[J]. Proceedings of the IEEE, 1983, 71(12): 1334-1340.

[19] Ghani N, Pan J Y, Cheng X. Metropolitan optical networks[M]//Optical Fiber Telecommunications IV-B. Academic Press, 2002: 329-403.

[20] Saleh A A M, Simmons J M. Architectural principles of optical regional and metropolitan access networks[J]. Journal of Lightwave Technology, 1999, 17(12): 2431.

[21] Chen Y, Fatehi M T, La Roche H J, et al. Metro optical networking[J]. Bell Labs Technical Journal, 1999, 4(1): 163-186.

[22] Stoll D, Leisching P, Bock H, et al. Metropolitan DWDM: A dynamically configurable ring for the KomNet field trial in Berlin [J]. IEEE Communications Magazine, 2001, 39(2): 106-113.

[23] Perrin S. The need for next-generation ROADM networks[J]. Heavy Reading, 2010.

[24] Feuer M D, Woodward S L. Advanced ROADM networks[C]//OFC/NFOEC. IEEE, 2012: 1-3.

[25] Tibuleac S, Filer M. Trends in next-generation ROADM networks[C]//European Conference and Exposition on Optical Communications. Optica Publishing Group, 2011: Th. 12. A. 1.

[26] Homa J, Bala K. ROADM architectures and their enabling WSS technology[J]. IEEE Communications Magazine, 2008, 46(7): 150-154.

[27] Jensen R A. Optical switch architectures for emerging colorless/directionless/contentionless ROADM networks [C]//Optical Fiber Communication Conference. Optica Publishing Group, 2011: OThR3.

[28] Kozdrowski S, Żotkiewicz M, Sujecki S. Optimization of optical networks based on cdc-roadm technology[J]. Applied Sciences, 2019, 9(3): 399.

[29] Strasser T A, Taylor J. ROADMS unlock the edge of the network[J]. IEEE Communications Magazine, 2008, 46(7): 146-149.

[30] Filer M, Tibuleac S. N-degree ROADM architecture comparison: Broadcast-and-select versus route-and-select in 120 Gb/s DP-QPSK transmission systems[C]//OFC 2014. IEEE, 2014: 1-3.

[31] Yeow T W, Law K L E, Goldenberg A. MEMS optical switches[J]. IEEE Communications magazine, 2001, 39(11): 158-163.

[32] De Dobbelaere P, Falta K, Gloeckner S, et al. Digital MEMS for optical

switching[J]. IEEE Communications magazine, 2002, 40(3): 88-95.

[33] Kim J, Nuzman C J, Kumar B, et al. 1100 x 1100 port MEMS-based optical crossconnect with 4-dB maximum loss [J]. IEEE Photonics Technology Letters, 2003, 15(11): 1537-1539.

[34] Huang Q. Commercial optical switches[J]. Optical Switching in Next Generation Data Centers, 2018: 203-219.

[35] Harris J M, Lindquist R, Rhee J K, et al. Liquid-crystal based optical switching[M]//Optical Switching. Boston, MA: Springer US, 2006: 141-167.

[36] Frisken S, Baxter G, Abakoumov D, et al. Flexible and grid-less wavelength selective switch using LCOS technology[C]//2011 Optical Fiber Communication Conference and Exposition and the National Fiber Optic Engineers Conference. IEEE, 2011: 1-3.

[37] Spanke R. Architectures for large nonblocking optical space switches[J]. IEEE Journal of quantum electronics, 1986, 22(6): 964-967.

[38] Wang M, Zong L, Mao L, et al. LCoS SLM study and its application in wavelength selective switch[C]//Photonics. MDPI, 2017, 4(2): 22.

[39] Iwama M, Takahashi M, Kimura M, et al. LCOS-based flexible grid 1×40 wavelength selective switch using planar lightwave circuit as spot size converter [C]//Optical Fiber Communication Conference. Optica Publishing Group, 2015: Tu3A. 8.

[40] Fokine M, Nilsson L E, Claesson Å, et al. Integrated fiber Mach-Zehnder interferometer for electro-optic switching[J]. Optics letters, 2002, 27(18): 1643-1645.

[41] Lu L, Zhou L, Li X, et al. Low-power 2×2 silicon electro-optic switches based on doubie-ring assisted Mach-Zehnder interferometers[J]. Optics letters, 2014, 39(6): 1633-1636.

[42] Qiao L, Tang W, Chu T. 32× 32 silicon electro-optic switch with built-in monitors and balanced-status units [J]. Scientific Reports, 2017, 7(1): 42306.

[43] Ju H, Zhang S, Lenstra D, et al. SOA-based all-optical switch with subpicosecond full recovery[J]. Optics Express, 2005, 13(3): 942-947.

[44] Masetti F, Sotom M, De Bouard D, et al. Design and performance of a broadcast-and-select photonic packet switching architecture [C]// Proceedings of European Conference on Optical Communication. IEEE, 1996, 3: 309-312.

[45] Schares L, Huynh T N, Wood M G, et al. A gain-integrated silicon photonic carrier with SOA-array for scalable optical switch fabrics[C]// Optical Fiber Communication Conference. Optica Publishing Group, 2016: Th3F. 5.

[46] Wonfor A, Wang H, Penty R V, et al. Large port count high-speed optical switch fabric for use within datacenters[J]. Journal of Optical Communications and Networking, 2011, 3(8): A32-A39.

[47] Stabile R, Albores-Mejia A, Williams K A. Monolithic active-passive 16×16 optoelectronic switch [J]. Optics letters, 2012, 37 (22): 4666-4668.

[48] Ballart R, Ching Y C. SONET: Now it's the standard optical network[J]. IEEE Communications Magazine, 1989, 27(3): 8-15.

[49] Vasseur J P, Pickavet M, Demeester P. Network recovery: Protection and Restoration of Optical, SONET-SDH, IP, and MPLS [M]. Elsevier, 2004.

[50] Lehpamer H. Transmission systems design handbook for wireless networks[M]. Artech House, 2002.

[51] Carroll M, Roese J, Ohara T. The operator's view of OTN evolution[J]. IEEE Communications Magazine, 2010, 48(9): 46-52.

[52] Miyamoto Y, Sano A, Kobayashi T. The challenge for the next generation OTN based on 400Gbps and beyond [C]//OFC/NFOEC. IEEE, 2012: 1-3.

[53] Gorshe S S. OTN interface standards for rates beyond 100 Gb/s[J]. Journal of Lightwave Technology, 2017, 36(1): 19-26.

[54] Justesen J, Larsen K J, Pedersen L A. Error correcting coding for OTN [J]. IEEE Communications Magazine, 2010, 48(9): 70-75.

[55] Smith B P, Farhood A, Hunt A, et al. Staircase codes: FEC for 100 Gb/s OTN[J]. Journal of Lightwave Technology, 2011, 30(1): 110-117.

[56] Bernstein G, Rajagopalan B, Saha D. Optical network control: architecture, protocols, and standards[M]. Addison-Wesley Longman Publishing Co., Inc., 2003.

[57] Mannie E. Generalized multi-protocol label switching (GMPLS) architecture[R]. 2004.

[58] Swallow G, Drake J, Ishimatsu H, et al. Generalized multiprotocol label switching (GMPLS) user-network interface (UNI): resource reservation protocol-traffic engineering (RSVP-TE) support for the overlay model [R]. 2005.

[59] International Telecommunication Union, Architecture for the Automatically Switched Optical Network (ASON), ITU-T Rec. G.8080/Y.1304, 2012.

[60] Tomic S, Statovci-Halimi B, Halimi A, et al. ASON and GMPLS—overview and comparison[J]. Photonic Network Communications, 2004, 7: 111-130.

[61] Hawilo H, Shami A, Mirahmadi M, et al. NFV: state of the art, challenges, and implementation in next generation mobile networks (vEPC)[J]. IEEE network, 2014, 28(6): 18-26.

[62] Matias J, Garay J, Toledo N, et al. Toward an SDN-enabled NFV architecture[J]. IEEE Communications Magazine, 2015, 53(4): 187-193.

[63] Feamster N, Rexford J, Zegura E. The road to SDN: an intellectual history of programmable networks [J]. ACM SIGCOMM Computer Communication Review, 2014, 44(2): 87-98.

[64] Berde P, Gerola M, Hart J, et al. ONOS: towards an open, distributed SDN OS[C]//Proceedings of the third workshop on Hot topics in software defined networking. 2014: 1-6.

[65] Casellas R, Martínez R, Vilalta R, et al. Abstraction and control of multi-domain disaggregated optical networks with OpenROADM device models [J]. Journal of Lightwave Technology, 2020, 38(9): 2606-2615.

[66] Peterson L, Al-Shabibi A, Anshutz T, et al. Central office re-architected as a data center[J]. IEEE Communications Magazine, 2016, 54(10): 96-101.

[67] Peterson, L. Cord: Central office re-architected as a datacenter[J]. Open Networking Lab white paper, 2015: 550.

[68] Gamage H, Rajatheva N, Latva-Aho M. Channel coding for enhanced mobile broadband communication in 5G systems[C]//2017 European conference on networks and communications (EuCNC). IEEE, 2017: 1-6.

[69] Dahlman E, Mildh G, Parkvall S, et al. 5G radio access[J]. Ericsson review, 2014, 6(1).

[70] Yilmaz O N C, Wang Y P E, Johansson N A, et al. Analysis of ultra-reliable and low-latency 5G communication for a factory automation use case[C]//2015 IEEE international conference on communication workshop (ICCW). IEEE, 2015: 1190-1195.

[71] Stafecka A, Lipenbergs E, Bobrovs V, et al. Quality of service methodology for the development of internet broadband infrastructure of mobile access networks[C]//2017 Electronics. IEEE, 2017: 1-5.

[72] G Innovation Centre. 5G Innovation Centre | University of Surrey [EB/OL]. (2019-05-16) [2024-04-01]. https ://www. surre y. ac. uk/5gic.

[73] Charara H, Scharbarg J L, Ermont J, et al. Methods for bounding end-to-end delays on an AFDX network[C]//18th Euromicro Conference on Real-Time Systems (ECRTS'06). IEEE, 2006: 10 pp. -202.

[74] Vaezi M, Vincent Poor H. NOMA: An information-theoretic perspective [J]. Multiple access techniques for 5G wireless networks and beyond, 2019: 167-193.

[75] Popović D H, Greatbanks J A, Begović M, et al. Placement of distributed generators and reclosers for distribution network security and reliability

[J]. International Journal of Electrical Power & Energy Systems, 2005, 27(5-6): 398-408.

[76] Armbrust M, Fox A, Griffith R, et al. A view of cloud computing[J]. Communications of the ACM, 2010, 53(4): 50-58.

[77] Armbrust M, Fox A, Griffith R, et al. A view of cloud computing[J]. Communications of the ACM, 2010, 53(4): 50-58.

[78] Wang L, Von Laszewski G, Younge A, et al. Cloud computing: a perspective study[J]. New generation computing, 2010, 28: 137-146.

[79] Shi W, Cao J, Zhang Q, et al. Edge computing: Vision and challenges [J]. IEEE internet of things journal, 2016, 3(5): 637-646.

[80] Satyanarayanan M. The emergence of edge computing[J]. Computer, 2017, 50(1): 30-39.

[81] Mao Y, You C, Zhang J, et al. A survey on mobile edge computing: The communication perspective [J]. IEEE communications surveys & tutorials, 2017, 19(4): 2322-2358.

[82] Self-driving cars will create 2 petabytes of data, what are the big data opportunities for the car industry? [EB/OL]. (2023-04-25) [2024-04-01] https://datafloq.com/read/self-driving-cars-create-2-petabytes-data-annually/172.

[83] Mach P, Becvar Z. Mobile edge computing: A survey on architecture and computation offloading[J]. IEEE communications surveys & tutorials, 2017, 19(3): 1628-1656.

[84] Bilal K, Erbad A. Edge computing for interactive media and video streaming[C]//2017 Second International Conference on Fog and Mobile Edge Computing (FMEC). IEEE, 2017: 68-73.

[85] Ye Y, Li S, Liu F, et al. EdgeFed: Optimized federated learning based on edge computing[J]. IEEE Access, 2020, 8: 209191-209198.

[86] Lv Z, Xiu W. Interaction of edge-cloud computing based on SDN and NFV for next generation IoT[J]. IEEE Internet of Things Journal, 2019, 7(7): 5706-5712.

[87] Baldoni G, Cruschelli P, Paolino M, et al. Edge computing enhancements

in an NFV-based ecosystem for 5G neutral hosts [C]//2018 IEEE conference on network function virtualization and software defined networks (NFV-SDN). IEEE, 2018: 1-5.

[88] Corcoran P, Datta S K. Mobile-edge computing and the Internet of Things for consumers[J]. IEEE Consumer Electronics Magazine, 2016: 73-74.

[89] Zhang J, Chen B, Zhao Y, et al. Data security and privacy-preserving in edge computing paradigm: Survey and open issues [J]. IEEE access, 2018, 6: 18209-18237.

[90] Ranaweera P, Jurcut A D, Liyanage M. Survey on multi-access edge computing security and privacy [J]. IEEE Communications Surveys & Tutorials, 2021, 23(2): 1078-1124.

[91] Fan Q, Ansari N. On cost aware cloudlet placement for mobile edge computing[J]. IEEE/CAA Journal of Automatica Sinica, 2019, 6(4): 926-937.

[92] Liu Q, Han T. DIRECT: Distributed cross-domain resource orchestration in cellular edge computing [C]//Proceedings of the Twentieth ACM International Symposium on Mobile Ad Hoc Networking and Computing. 2019: 181-190.

[93] Deng S, Zhao H, Fang W, et al. Edge intelligence: The confluence of edge computing and artificial intelligence [J]. IEEE Internet of Things Journal, 2020, 7(8): 7457-7469.

[94] eCPRI Specification V2.0[EB/OL]. (2019-05-10)[2024-04-01]. http://www.cpri.info/downloads/eCPRI_v_2.0_2019_05_10c.pdf.

[95] Fettweis G P. The tactile internet: Applications and challenges[J]. IEEE vehicular technology magazine, 2014, 9(1): 64-70.

[96] Aijaz A, Sooriyabandara M. The tactile internet for industries: A review [J]. Proceedings of the IEEE, 2018, 107(2): 414-435.

[97] Lema M A, Antonakoglou K, Sardis F, et al. 5G case study of Internet of Skills: Slicing the human senses [C]//2017 European Conference on Networks and Communications (EuCNC). IEEE, 2017: 1-6.

[98] Jiang D，Liu G. An overview of 5G requirements[J]. 5G Mobile Communications，2016：3-26.

[99] The tactile Internet[EB/OL]. (2014-09-11)[2024-04-01]. https://www.itu.int/oth/T2301000023/en.

[100] Gerstel O，Jinno M，Lord A，et al. Elastic optical networking：A new dawn for the optical layer? [J]. IEEE communications Magazine，2012，50(2)：s12-s20.

[101] Homa J，Bala K. ROADM architectures and their enabling WSS technology[J]. IEEE Communications Magazine，2008，46(7)：150-154.

[102] Wu W，Zhang F，Liu W，et al. Modelling the traffic in a mixed network with autonomous-driving expressways and non-autonomous local streets [J]. Transportation Research Part E：Logistics and Transportation Review，2020，134：101855.

[103] Wagner P. Autonomous Driving[M]. Berlin，Heidelberg：Springer，2016：301-316.

[104] Li H，Han L，Duan R，et al. Analysis of the synchronization requirements of 5G and corresponding solutions [J]. IEEE Communications Standards Magazine，2017，1(1)：52-58.

[105] Barazzetta M，Micheli D，Bastianelli L，et al. A comparison between different reception diversity schemes of a 4G-LTE base station in reverberation chamber：A deployment in a live cellular network[J]. IEEE Transactions on Electromagnetic Compatibility，2017，59(6)：2029-2037.

[106] Alliance N. 5G white paper[J]. Next generation mobile networks，white paper，2015，1(2015).

[107] Zhou Z，Wu Q，Chen X. Online orchestration of cross-edge service function chaining for cost-efficient edge computing[J]. IEEE Journal on Selected Areas in Communications，2019，37(8)：1866-1880.

[108] He S，Xie K，Zhou X，et al. Multi-source reliable multicast routing with QoS constraints of NFV in edge computing[J]. Electronics，2019，8

(10)：1106.

[109] Foukas X，Patounas G，Elmokashfi A，et al. Network slicing in 5G：Survey and challenges[J]. IEEE communications magazine，2017，55(5)：94-100.

[110] Van T N，Hyun J，Hong J W K. Towards ONOS-based SDN monitoring using in-band network telemetry[C]//2017 19th Asia-Pacific Network Operations and Management Symposium（APNOMS）. IEEE，2017：76-81.

[111] El Ayoubi S E，Fallgren M，Spapis P，et al. 5G PPP use cases and performance evaluation models[J]. 5G PPP white paper，1.0.，5G-PPP project collaboration，1：81.

[112] Birk M，Renais O，Lambert G，et al. The openroadm initiative[J]. Journal of Optical Communications and Networking，2020，12(6)：C58-C67.

[113] Civerchia F，Kondepu K，Giannone F，et al. Encapsulation techniques and traffic characterisation of an Ethernet-based 5G fronthaul[C]//2018 20th International Conference on Transparent Optical Networks (ICTON). IEEE，2018：1-5.

[114] 10G Ethernet PCS/PMA v6.0 LogiCORE IP Product Guide[EB/OL]. (2021-02-04) [2024-04-01]. https://www.xilinx.com/support/documentation/ip_documentation/ten_gig_eth_pcs_pma/v6_0/pg068-ten-gig-eth-pcs-pma.pdf.

[115] OpenCores：10G Ethernet MAC[EB/OL]. (2017-03-10)[2024-04-01]. https://opencores.org/projects/ethmac10g.

[116] Xilinx PCI Express DMA Drivers and Software Guide[EB/OL]. (2023-11-16)[2024-04-01]. https://www.xilinx.com/support/answers/65444.html.

[117] DMA/Bridge Subsystem for PCI Express v4.1，Product Guide[EB/OL]. (2023-11-24) [2024-04-01]. https://www.xilinx.com/support/documentation/ip_documentation/xdma/v4_1/pg195-pcie-dma.pdf.

[118] Open Network Operating System (ONOS)[CP/OL]. (2022-07-11)[2024-04-01]. https://opennetworking.org/onos/.

[119] OpenStack[CP/OL]. (2024-03-29)[2024-04-01]. https://www.openstack.org/software/.

[120] Open Source MANO[EB/OL]. (2023-12-21)[2024-04-01]. https://osm.etsi.org/.

[121] Learn REST: A RESTful Tutorial[EB/OL]. (2023-05-31)[2024-04-01]. https://www.restapitutorial.com/.

[122] Open ROADM MSA[EB/OL]. (2023-08-21)[2024-04-01]. http://openroadm.org/.

[123] CESNET/netopeer[EB/OL]. (2015-06-11)[2024-04-01]. https://github.com/CESNET/netopeer.

[124] Li H, Ota K, Dong M. Learning IoT in edge: Deep learning for the Internet of Things with edge computing[J]. IEEE network, 2018, 32(1): 96-101.

[125] Liu S, Liu L, Tang J, et al. Edge computing for autonomous driving: Opportunities and challenges[J]. Proceedings of the IEEE, 2019, 107(8): 1697-1716.

[126] Roy A, Zeng H, Bagga J, et al. Inside the social network's (datacenter) network[C]//Proceedings of the 2015 ACM Conference on Special Interest Group on Data Communication. 2015: 123-137.

[127] Yamanaka N, Yamamoto G, Okamoto S, et al. Autonomous driving vehicle controlling network using dynamic migrated edge computer function[C]//2019 21st International Conference on Transparent Optical Networks (ICTON). IEEE, 2019: 1-4.

[128] Bega D, Gramaglia M, Fiore M, et al. DeepCog: Cognitive network management in sliced 5G networks with deep learning[C]//IEEE INFOCOM 2019-IEEE conference on computer communications. IEEE, 2019: 280-288.

[129] Benzaid C, Taleb T. AI-driven zero touch network and service

management in 5G and beyond: Challenges and research directions[J]. Ieee Network, 2020, 34(2): 186-194.

[130] Mayoral A, Vilalta R, Casellas R, et al. Multi-tenant 5G network slicing architecture with dynamic deployment of virtualized tenant management and orchestration(MANO) instances[C]//ECOC 2016; 42nd European Conference on Optical Communication. VDE, 2016: 1-3.

[131] Andrus B M, Sasu S A, Szyrkowiec T, et al. Zero-touch provisioning of distributed video analytics in a software-defined metro-haul network with P4 processing[C]//Optical Fiber Communication Conference. Optica Publishing Group, 2019: M3Z. 10.

[132] Hancock D, Van M J. Hyper4: Using p4 to virtualize the programmable data plane[C]//Proceedings of the 12th International on Conference on emerging Networking EXperiments and Technologies. 2016: 35-49.

[133] Kundel R, Nobach L, Blendin J, et al. P4-bng: Central office network functions on programmable packet pipelines[C]//2019 15th International Conference on Network and Service Management (CNSM). IEEE, 2019: 1-9.

[134] Turkovic B, Kuipers F, Van A N, et al. Fast network congestion detection and avoidance using P4[C]//Proceedings of the 2018 Workshop on Networking for Emerging Applications and Technologies. 2018: 45-51.

[135] Ricart-Sanchez R, Malagon P, Alcaraz-Calero J M, et al. P4-NetFPGA-based network slicing solution for 5G MEC architectures[C]//2019 ACM/IEEE Symposium on Architectures for Networking and Communications Systems (ANCS). IEEE, 2019: 1-2.

[136] Rankothge W, Le F Russo, et al. Optimizing resource allocation for virtualized network functions in a cloud center using genetic algorithms [J]. IEEE Transactions on Network and Service Management, 2017, 14 (2): 343-356.

[137] Zhang Q, Xiao Y, Liu F, et al. Joint optimization of chain placement and

request scheduling for network function virtualization[C]. IEEE 37th International Conference on Distributed Computing Systems (ICDCS). IEEE, 2017: 731-741.

[138] Chen X, Li B, Proietti R, et al. Multi-agent deep reinforcement learning in cognitive inter-domain networking with multi-broker orchestration [C]. Optical Fiber Communication Conference. Optical Society of America, 2019: M2A. 2.

[139] Li B, Lu W, Zhu Z. Deep-NFVOrch: leveraging deep reinforcement learning to achieve adaptive vNF service chaining in DCI-EONs[J]. Journal of Optical Communications and Networking, 2020, 12(1): A18-A27.

[140] Miao W, Van W J, Van U R, et al. Low latency optical label switched add-drop node for multi-Tb/s data center interconnect metro networks [C]. 42nd European Conference on Optical Communication (ECOC), 2016: 1-3.

[141] Park S J, Lee C H, Jeong K T, et al. Fiber-to-the-home services based on wavelength-division-multiplexing passive optical network[J]. Journal of lightwave technology, 2004, 22(11): 2582.

[142] Netdata[DB/OL]. (2024-02-08)[2024-04-01]. https://github.com/netdata/netdata.

[143] Cominardi L, Contreras L M, Bernardos C J, et al. Understanding QoS Applicability in 5G Transport Networks [C]. IEEE International Symposium on Broadband Multimedia Systems and Broadcasting (BMSB), 2018: 1-5.

[144] Parvez I, Rahmati A, Guvenc I, et al. A survey on low latency towards 5G: RAN, core network and caching solutions [J]. IEEE Communications Surveys & Tutorials, 2018, 20(4): 3098-3130.

[145] Auer G, Giannini V, Desset C, et al. How much energy is needed to run a wireless network? [J]. IEEE wireless communications, 2011, 18(5): 40-49.

[146] Uščumlić B, Cerutti I, Gravey A, et al. Optimal dimensioning of the WDM unidirectional ECOFRAME optical packet ring[J]. Photonic network communications, 2011, 22(3): 254-265.

[147] Simonneau C, Antona J C, Chiaroni D. Packet-optical Add/Drop multiplexer technology: A pragmatic way to introduce optical packet switching in the next generation of metro networks[C]. IEEE LEOS Annual Meeting Conference Proceedings, 2009: 473-474.

[148] Shrikhande K V, White I M, Wonglumsom D R, et al. HORNET: A packet-over-WDM multiple access metropolitan area ring network[J]. IEEE Journal on Selected Areas in Communications, 2000, 18(10): 2004-2016.

[149] Dittmann L, Develder C, Chiaroni D, et al. The European IST project DAVID: A viable approach toward optical packet switching[J]. IEEE Journal on selected areas in communications, 2003, 21(7): 1026-1040.

[150] Dey D, Van B A, Koonen A, et al. FLAMINGO: a packet-switched IP-over-WDM all-optical MAN[C]. Proceedings 27th European Conference on Optical Communication (Cat. No. 01TH8551), 2001, 3: 480-481.

[151] Miao W, van Weerdenburg J, van Uden R, et al. Low latency optical label switched add-drop node for multi-Tb/s data center interconnect metro networks[C]//ECOC 2016; 42nd European Conference on Optical Communication. VDE, 2016: 1-3.

[152] Benzaoui N, Estarán J M, Dutisseuil E, et al. CBOSS: bringing traffic engineering inside data center networks[J]. Journal of Optical Communications and Networking, 2018, 10(7): B117-B125.

[153] eCPRI Specification V2.0[EB/OL]. (2019-05-10)[2024-04-01]. http://www.cpri.info/downloads/eCPRI_v_2.0_2019_05_10c.pdf.

[154] Calabretta N, Miao W, Mekonnen K, et al. SOA based photonic integrated WDM cross-connects for optical metro-access networks[J]. Applied Sciences, 2017, 7(9): 865.

[155] Wortmann F, Flüchter K. Internet of things[J]. Business & Information

Systems Engineering, 2015, 57 (3): 221-224.

[156] Zhang Q, Liu J, Zhao G. Towards 5G enabled tactile robotic telesurgery [J]. arXiv preprint arXiv, 2018: 1803.03586.

[157] Stoica I, Abdel-Wahab H, Jeffay K, et al. A proportional share resource allocation algorithm for real-time, time-shared systems[C]. 17th IEEE Real-Time Systems Symposium, 1996: 288-299.

[158] Zhang H, Liu N, Chu X, et al. Network slicing based 5G and future mobile networks: mobility, resource management, and challenges[J]. IEEE communications magazine, 2017, 55(8): 138-145.

[159] Larsen L M, Checko A, Christiansen H L. A survey of the functional splits proposed for 5G mobile crosshaul networks [J]. IEEE Communications Surveys & Tutorials, 2018, 21(1): 146-172.

[160] Ayoub O, Musumeci F, Tornatore M, et al. Techno-economic evaluation of CDN deployments in metropolitan area networks[C]. International Conference on Networking and Network Applications (NaNA), 2017: 314-319.

[161] Simsarian J E, Bhardwaj A, Dreyer K, et al. A widely tunable laser transmitter with fast, accurate switching between all channel combinations [C]. 28TH European Conference on Optical Communication, 2002, 2: 1-2.

[162] Rico D, Merino P. A Survey of End-to-End Solutions for Reliable Low-Latency Communications in 5G Networks[J]. IEEE Access, 2020, 8: 192808-192834.

[163] Zhang D, Liu D, Wu X, et al. Progress of ITU-T higher speed passive optical network (50G-PON) standardization [J]. J. Opt. Commun. Netw., 2020, 12: D99-D108.

[164] Liu X, Effenberger E. Emerging Optical Access Network Technologies for 5G Wireless[J]. J. Opt. Commun. Netw., 2016, 8: B70-B79.

[165] Alimi I A, Teixeira A L, Monteiro P P. Toward an Efficient C-RAN Optical Fronthaul for the Future Networks: A Tutorial on Technologies,

Requirements, Challenges, and Solutions[J]. IEEE Communications Surveys & Tutorials, 2018, 20(1): 708-769.

[166] Chen Y, Farley T, Ye N. QoS requirements of network applications on the Internet[J]. Information Knowledge Systems Management, 2004, 4(1): 55-76.

[167] Gerstel O, Jinno M, Lord A, et al. Elastic optical networking: A new dawn for the optical layer? [J]. IEEE communications Magazine, 2012, 50(2): s12-s20.

[168] Semrau D, Sillekens E, Bayvel P, et al. Modeling and mitigation of fiber nonlinearity in wideband optical signal transmission[J]. Journal of Optical Communications and Networking, 2020, 12(6): C68-C76.

[169] IEEE 1588 standard[EB/OL]. (2024-03-22)[2024-04-01]. https://standards.ieee.org/standard/1588-2008.html.

[170] Liu Y, Yang C. OMNeT++ based modeling and simulation of the IEEE 1588 PTP clock[C]. International Conference on Electrical and Control Engineering, 2011: 4602-4605.

[171] Nasrallah A, Thyagaturu A S, Alharbi Z, et al. Ultra-low latency (ULL) networks: The IEEE TSN and IETF DetNet standards and related 5G ULL research[J]. IEEE Communications Surveys & Tutorials, 2018, 21(1): 88-145.

[172] Lipiński M, Włostowski T, Serrano J, et al. White rabbit: A PTP application for robust sub-nanosecond synchronization[C]. IEEE International Symposium on Precision Clock Synchronization for Measurement, Control and Communication, 2011: 25-30.

[173] Xue X, Calabretta N. Fast flow-controlled and clock-distributed optical switching system for optical data center network[P]. PCT/EP2020/064850, 2020.

[174] David K, Berndt H. 6G Vision and Requirements: Is There Any Need for Beyond 5G? [J]. IEEE Vehicular Technology Magazine, 2018, 13(3): 72-80.

[175] Ateya A A, Muthanna A, Makolkina M, et al. Study of 5G services standardization: specifications and requirements[C]. 10th International Congress on Ultra Modern Telecommunications and Control Systems and Workshops (ICUMT), 2018: 1-6.